과 교육과정의 핵심역량 반영

완전타파 과정 중심

서술형 문제

김진호 · 오유경 · 황혜진 지음

2학년 1학기

교육과학사

서술형 문제! 왜 필요한가?

과거에는 수학에서도 계산 방법을 외워 숫자를 계산 방법에 대입하여 답을 구하는 지식 암기 위주의 학습이 많았습니다. 그러나 국제 학업 성취도 평가인 PISA와 TIMSS의 평가 경향이 바뀌고 싱가폴을 비롯한 선진국의 교과교육과정과 우리나라 학교 교육과정이 개정되며 암기 위주에서 벗어나 창의성을 강조하는 방향으로 변경되고 있습니다. 평가 방법에서는 기존의 선다형 문제, 주관식 문제에서 벗어나 서술형 문제가 도입되었으며 갈수록 그 비중이 커지는 추세입니다. 자신이 단순히 알고 있는 것을 확인하는 것에서 벗어나 아는 것을 논리적으로 정리하고 표현하는 과정과 의사소통능력을 중요시하게 되었습니다. 즉, 앞으로는 중요한 창의적 문제 해결 능력과 개념을 논리적으로 설명하는 능력을 길러주기 위한 학습과 그에 대한 평가가 필요합니다.

이 책의 특징은 다음과 같습니다.

계산을 아무리 잘하고 정답을 잘 찾아내더라도 서술형 평가에서 요구하는 풀이과정과 수학적 논리성을 갖춘 문장구성능력이 미비할 경우에는 높은 점수를 기대하기 어렵습니다. 또한 문항을 우연히 맞추거나 개념이 정립되지 않고 애매하게 알고 있는 상태에서 운 좋게 맞추는 경우, 같은 내용이 다른 유형으로 출제되거나 서술형으로 출제되면 틀릴 가능성이 더 높습니다. 이것은 수학적 원리를 이해하지 못한 채 문제 풀이 방법만 외웠기 때문입니다. 이 책은 단지 문장을 서술하는 방법과 내용을 외우는 것이 아니라 문제를 해결하는 과정을 읽고 쓰며 논리적인 사고력을 기르도록 합니다. 즉, 이 책은 수학적 문제 해결 과정을 중심으로 서술형 문제를 연습하며 기본적인 수학적 개념을 바탕으로 사고력을 길러주기 위하여 만들게 되었습니다.

이 책의 구성은 이렇습니다.

이 책은 각 단원별로 중요한 개념을 바탕으로 크게 '기본 개념', '오류 유형', '연결성' 영역으로 구성되어 있으며 필요에 따라 각 영역이 가감되어 있고 마지막으로 '창의성' 영역이 포함되어 있습니다. 각각의 영역은 '개념쏙쏙', '첫걸음 가볍게!', '한 걸음 두 걸음!', '도전! 서술형!', '실전! 서술형!'의 다섯 부분으로 구성되어 있습니다. '개념쏙쏙'에서는 중요한 수학 개념 중에서 음영으로 된 부분을 따라 쓰며 중요한 것을 익히거나 빈칸으로 되어 있는 부분을 채워가며 개념을 익힐 수 있습니다. '첫걸음 가볍게!'에서는 앞에서 익힌 것을 빈칸으로 두어 학생 스스로 개념을 써보는 연습을 하고, 뒷부분으로 갈수록 빈칸이 많아져 문제를 해결하는 과정을 전체적으로 서술해보도록 합니다. '창의성' 영역은 단원에서 익힌 개념을 확장해보며 심화적 사고를 유도합니다. '나의 실력은' 영역은 단원 평가로 각 단원에서 학습한 개념을 서술형 문제로 해결해보도록 합니다.

이 책의 활용 방법은 다음과 같습니다.

이 책에 제시된 서술형 문제를 '개념쏙쏙', '첫걸음 가볍게!', '한 걸음 두 걸음!', '도전! 서술형!', '실전! 서술형!'의 단계별로 차근차근 따라가다 보면 각 단원에서 중요하게 여기는 개념을 중심으로 문제를 해결할 수 있습니다. 이 때 문제에서 중요한 해결 과정을 서술하는 방법을 익히도록 합니다. 각 단계별로 진행하며 앞에서 학습한 내용을 스스로 서술해보는 연습을 통해 문제 해결 과정을 익힙니다. 마지막으로 '나의 실력은' 영역을 해결해 보며 앞에서 학습한 내용을 점검해 보도록 합니다.

또다른 방법은 '나의 실력은' 영역을 먼저 해결해 보며 학생 자신이 서술할 수 있는 내용과 서술이 부족한 부분을 확인합니다. 그 다음에 자신이 부족한 부분을 위주로 공부를 시작하며 문제를 해결하기 위한 서술을 연습해보도록 합니다. 그리고 남은 부분을 해결하며 단원 전체를 학습하고 다시 한 번 '나의 실력은' 영역을 해결해 봅니다.

문제에 대한 채점은 이렇게 합니다.

서술형 문제를 해결한 뒤 채점할 때에는 채점 기준과 부분별 배점이 중요합니다. 문제 해결 과정을 바라보는 관점에 따라 문제의 채점 기준은 약간의 차이가 있을 수 있고 문항별로 만점이나 부분 점수, 감점을 받을 수 있으나 이 책의 서술형 문제에서 제시하는 핵심 내용을 포함한다면 좋은 점수를 얻을 수 있을 것입니다. 이에 이 책에서는 문항별 채점 기준을 따로 제시하지 않고 핵심 내용을 중심으로 문제 해결 과정을 서술한 모범 예시 답안을 작성하여 놓았습니다. 또한 채점을 할 때에 학부모님께서는 문제의 정답에만 집착하지 마시고 학생과 함께 문제에 대한 내용을 묻고 답해보며 학생이 이해한 내용에 대해 어떤 방법으로 서술했는지를 같이 확인해 보며 부족한 부분을 보완해 나간다면 더욱 좋을 것입니다.

이 책을 해결하며 문제에 나와 있는 숫자들의 단순 계산보다는 이해를 바탕으로 문제의 해결 과정을 서술하는 의사소통 능력을 키워 일반 학교에서의 서술형 문제에 대한 자신감을 키워나갈 수 있으면 좋겠습니다.

저자 일동

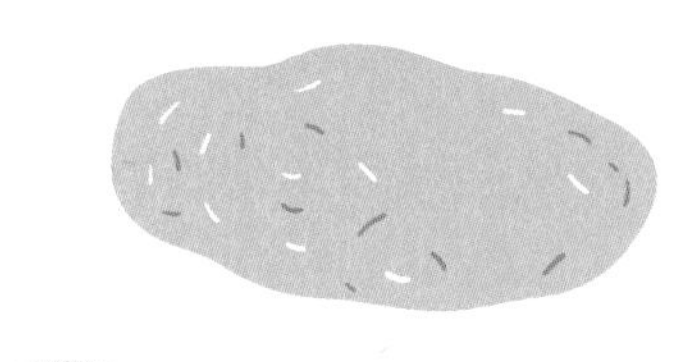

차례

2-1
1. 세 자리 수

1. 세 자리 수 (기본개념1)

개념 쏙쏙!

다음 수 모형이 나타내는 수는 얼마인지 설명하여 보시오.

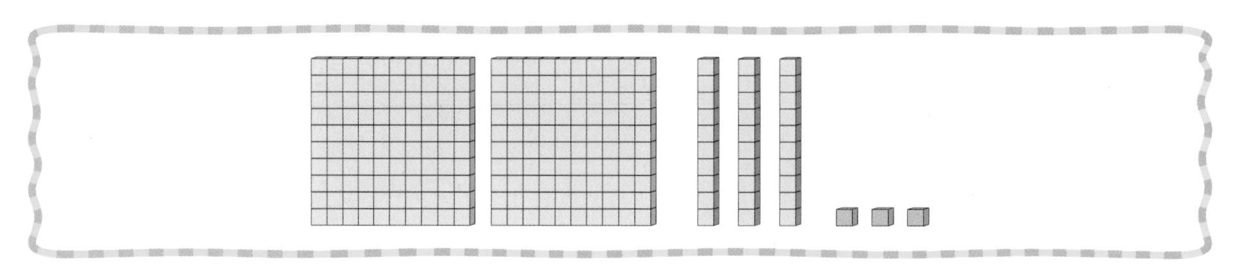

1 수 모형을 종류별로 분류하여 알아봅시다.

수 모형	수 모형의 개수	수		
백 모형	2개	2	0	0
십 모형	3개		3	0
일 모형	3개			3
		2	3	3

2 백 모형 [2]개는 [200]을 나타냅니다.

십 모형 [3]개는 [30]을 나타냅니다.

일 모형 [3]개는 [3]을 나타냅니다.

정리해 볼까요?

수 모형이 나타내는 수 알아보기

백 모형 [2]개는 [200]을 나타내고,

십 모형 [3]개는 [30]을 나타내고,

낱개 모형 [3]개는 [3]을 나타냅니다.

따라서 수 모형이 나타내는 수는 [233]입니다.

첫걸음 가볍게!

민호는 화폐박물관에서 옛날 동전을 관찰하였습니다.

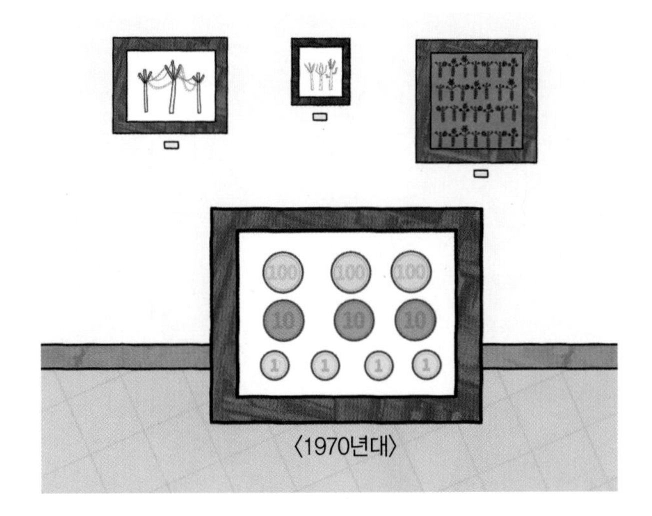

〈1970년대〉

1 전시된 돈이 얼마인지 동전의 종류에 따라 분류하여 알아봅시다.

동전	개수	금액
100원		
10원		
1원		

2 전시된 돈이 모두 얼마인지 구하는 방법을 설명하고 답을 쓰시오.

100원짜리는 모두 ☐개이고, 이는 ☐원을 나타냅니다.

10원짜리는 모두 ☐개이고, 이는 ☐원을 나타냅니다.

1원짜리는 모두 ☐개이고, 이는 ☐원을 나타냅니다.

따라서 전시된 돈은 모두 ☐원입니다.

한 걸음 두 걸음!

수지네 학교에서는 운동회 상품으로 공책을 아래와 같이 구입하였습니다. 수지네 학교에서 구입한 공책은 모두 몇 권인지 구하고 설명하시오.

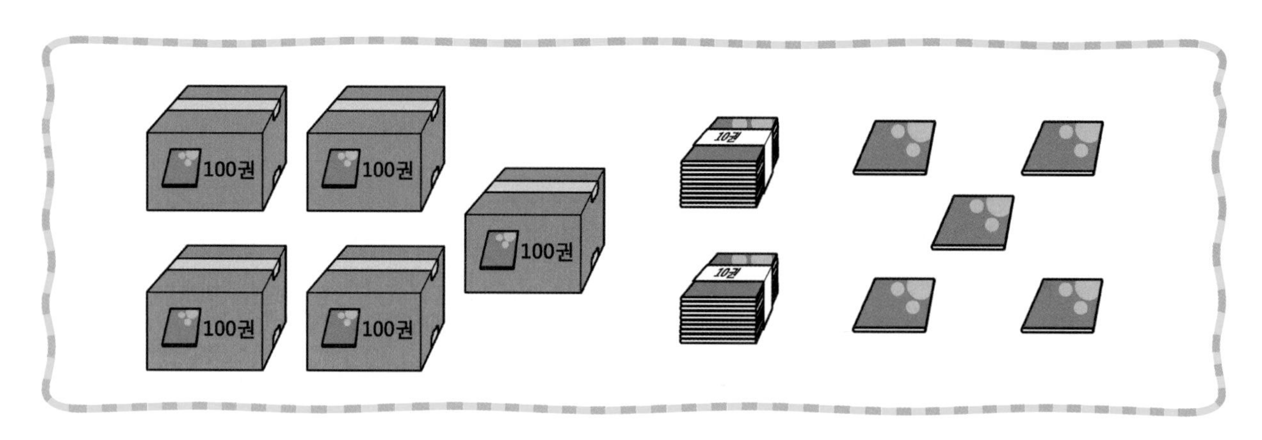

1 수지네 학교에서 구입한 공책은 모두 몇 권인지 표로 알아봅시다.

단위	개수	공책 권수
100권		
10권		

2 수지네 학교에서 구입한 공책은 모두 몇 권인지 구하는 방법을 설명하고 답을 쓰시오.

공책 1상자는 [ ] 권이므로, ____________________.

공책 1묶음은 [ ] 권이므로, ____________________.

공책 낱개는 [ ] 권이므로, ____________________.

따라서 수지네 학교에서 구입한 공책은 모두 [ ] 권입니다.

도전! 서술형!

세정이네 학교에서 학생들에게 나누어줄 사탕을 아래와 같이 구입하였습니다. 세정이네 학교에서 구입한 사탕은 모두 몇 개인지 구하고 설명하시오.

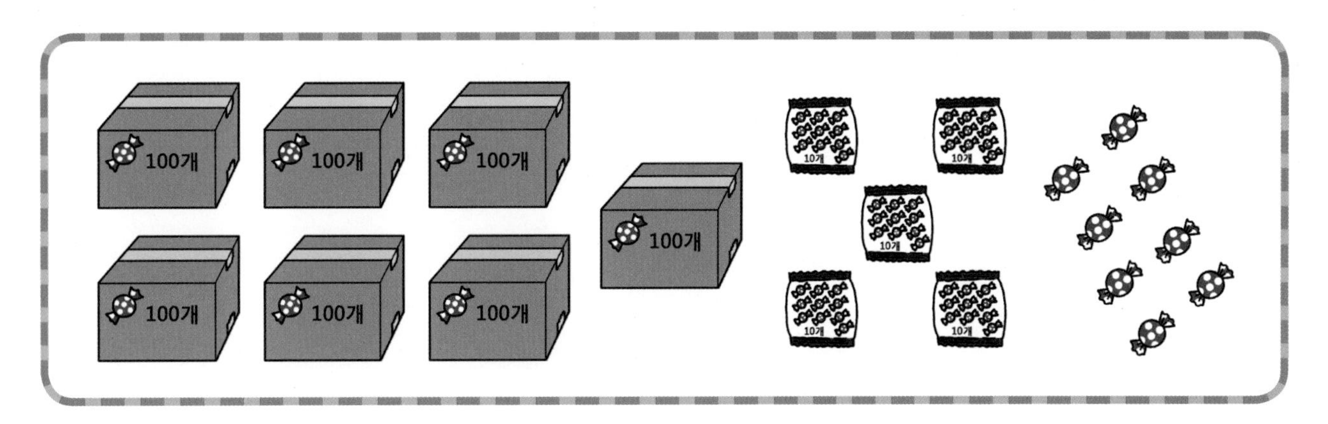

1 세정이네 학교에서 구입한 사탕은 모두 몇 개인지 표로 알아봅시다.

단위	개수	사탕 개수
100개		
10개		

2 세정이네 학교에서 구입한 사탕은 모두 몇 개인지 구하는 방법을 설명하고 답을 쓰시오.

사탕 1상자는 ______________________________.

사탕 1봉지는 ______________________________.

사탕 낱개는 ______________________________.

따라서 세정이네 학교에서 구입한 사탕은 ____________________.

실전! 서술형!

소미는 할머니댁에서 할머니께서 예전에 사용하시던 지갑에서 동전들을 발견하였습니다. 할머니의 지갑에 들어있던 돈은 각각 얼마인지 구하고 설명하시오.

1. 세 자리 수 (기본개념2)

개념 쏙쏙!

유정이네 학교 2학년은 남학생이 134명, 여학생이 132명입니다. 남학생과 여학생의 학생 수를 비교하여 설명하시오.

1 남학생과 여학생의 수를 수 모형으로 비교하여 설명하시오.

수 모형	남학생	여학생	비교하기
백 모형	100	100	백 모형은 남학생과 여학생 모두 [1]개로 같습니다.
십 모형	30	30	십 모형은 남학생과 여학생 모두 [3]개로 같습니다.
일 모형	4	2	일 모형은 남학생은 [4]개, 여학생은 [2]개로 [남학생]이 2개 더 많습니다.
따라서 유정이네 초등학교 2학년의 학생 수는 [남학생]이 [여학생]보다 많습니다.			

2 남학생과 여학생의 수를 자릿값을 사용하여 비교하여 설명하시오.

	백	십	일
남 134	1	3	4
여 132	1	3	2

① 백의 자리 수를 비교하면 [1]로 같습니다.

② 십의 자리 수를 비교하면 [3]으로 같습니다.

③ 일의 자리 수를 비교하면 남학생은 [4], 여학생은 [2]로 [남학생]이 [여학생]보다 2명 더 많습니다.

④ 그래서 [남학생]의 수 [134]명이 [여학생]의 수 [132]명 보다 많습니다.

정리해 볼까요?

세 자리 수의 크기 비교하기

세 자리 수의 크기를 비교할 때에는, [백의 자리] 수부터 비교합니다.

백의 자리 수가 같으면 [십의 자리] 수를 비교합니다.

백의 자리 수와 십의 자리 수가 같으면 [일의 자리] 수를 비교합니다.

따라서 132와 134의 크기를 비교하여 보면

- 백의 자리 수를 비교하면 [1]로 같습니다.
- 십의 자리 수를 비교하면 [3]으로 같습니다.
- 일의 자리 수를 비교하면 [4]는 [2]보다 큽니다.
- 따라서 [134]는 [132]보다 큽니다.

첫걸음 가볍게!

나영이와 미나는 장난감을 사기 위하여 저금통에 돈을 모았습니다. 나영이는 570원을 모았고 미나는 680원을 모았습니다. 누가 더 많은 돈을 모았는지 구하고 설명하시오.

십원짜리 동전의 수를 꼭 비교해야 하는지 생각해 보세요.

1 동전의 종류에 따라 알아보시오.

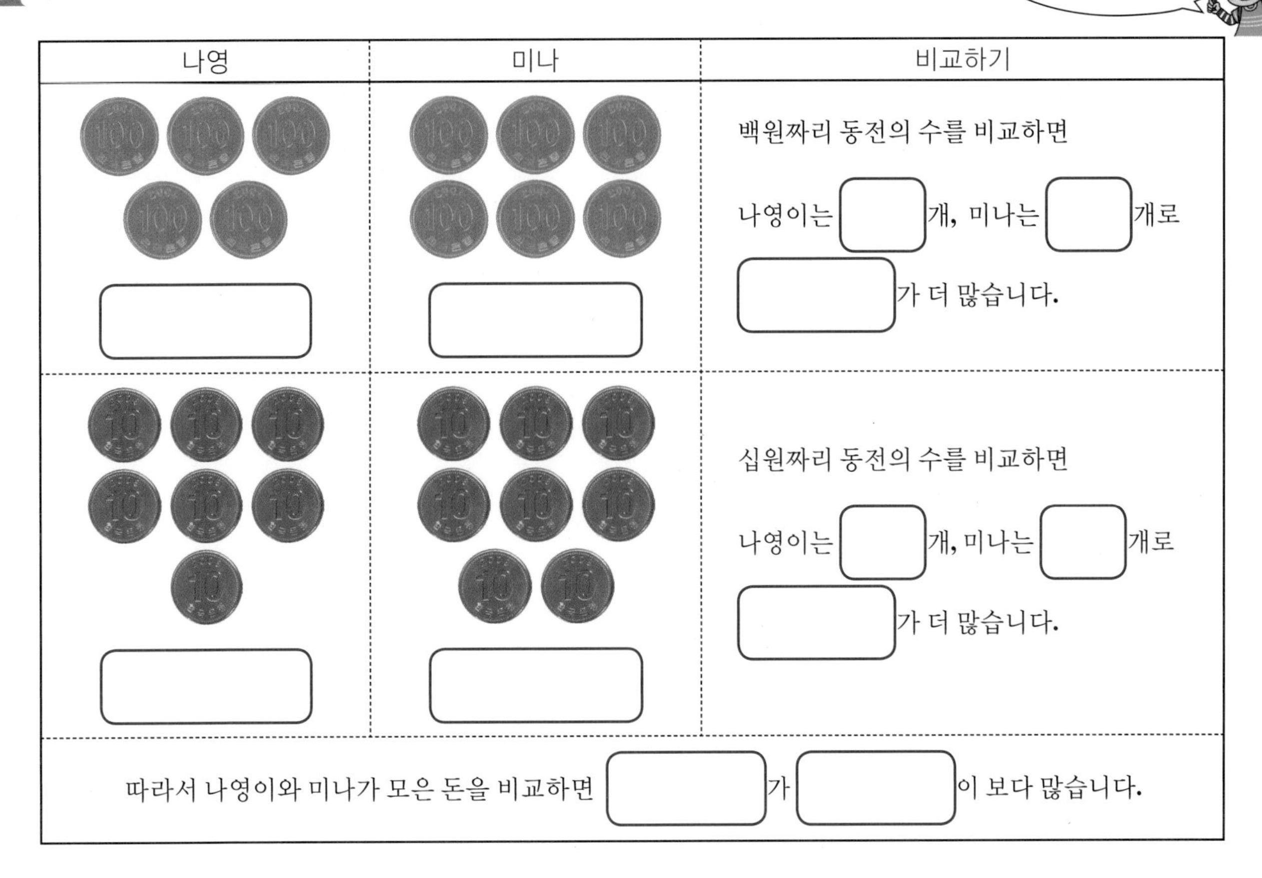

나영	미나	비교하기
☐	☐	백원짜리 동전의 수를 비교하면 나영이는 ☐개, 미나는 ☐개로 ☐가 더 많습니다.
☐	☐	십원짜리 동전의 수를 비교하면 나영이는 ☐개, 미나는 ☐개로 ☐가 더 많습니다.
따라서 나영이와 미나가 모은 돈을 비교하면 ☐가 ☐이 보다 많습니다.		

2 자릿값을 사용하여 알아보시오.

	백	십	일
나영 570	☐	☐	☐
미나 680	☐	☐	☐

① ☐ 수를 비교하면 나영이는 ☐, 미나는 ☐으로 ☐가 ☐이 보다 큽니다.

② 그래서 ☐가 더 많은 돈을 모았습니다.

기본개념 2

한 걸음 두 걸음!

소혜와 도연이가 사과 따기 체험학습을 갔습니다. 소혜는 145개를, 도연이는 172개를 땄습니다.
누가 더 많은 사과를 땄는지 구하고 설명하시오.

'첫걸음 가볍게'에서 십원짜리 동전의 수를 비교하지 않은 이유를 생각해 보세요.

1 수 모형으로 알아보시오.

소혜	도연	비교하기
☐	☐	백 모형의 수는 소혜와 도연이 모두 ☐개로 같습니다.
☐	☐	십 모형의 수는 소혜는 ☐개, 도연이는 ☐개로 ☐이가 더 많습니다.
따라서, 소혜와 도연이가 딴 사과의 수를 비교하면 ☐이가 ☐보다 많습니다.		

2 자릿값을 사용하여 알아보시오.

	백	십	일
소혜 145	☐	☐	☐
도연 172	☐	☐	☐

① ☐ 수를 비교하면 ______________________________.

② ☐ 수를 비교하면 소혜는 ☐, 도연이는 ☐로 ______________

______________________________.

③ 그래서 ☐이가 더 많은 사과를 땄습니다.

도전! 서술형!

시진이와 대영이는 줄넘기 연습을 하였습니다. 누가 더 많은 횟수를 넘었는지 구하고 설명하시오.

시진	대영
123	127

1 수 모형으로 알아보시오.

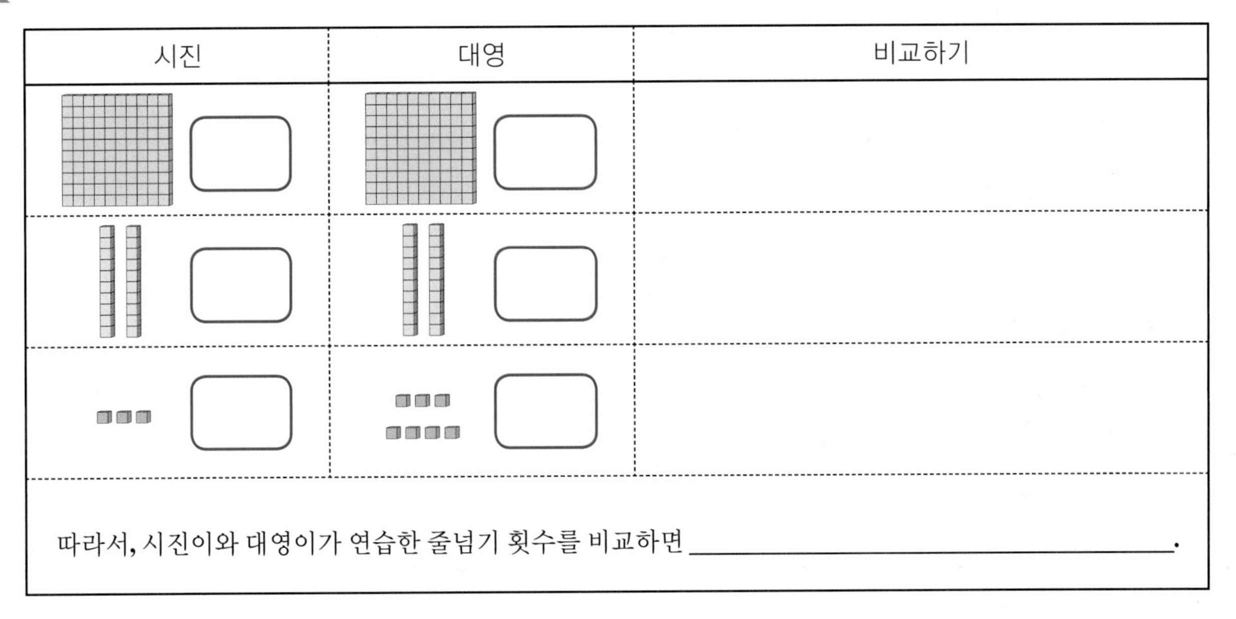

시진	대영	비교하기
☐	☐	
☐	☐	
☐	☐	

따라서, 시진이와 대영이가 연습한 줄넘기 횟수를 비교하면 ______________________.

2 자릿값을 사용하여 알아보시오.

	백	십	일
시진 123	☐	☐	☐
대영 127	☐	☐	☐

① ☐ 수를 비교하면 ______________________.

② ☐ 수를 비교하면 ______________________.

③ ☐ 수를 비교하면 ______________________.

④ 그래서 ☐ 이가 더 많은 횟수를 넘었습니다.

실전! 서술형!

지혜네 학교 1학년과 2학년 학생수는 다음과 같습니다. 어느 학년의 학생수가 더 많은지 구하고 설명하시오.

1학년	2학년
252	258

그래서 [   ] 학생 수가 더 많습니다.

1. 세 자리 수 (기본개념3)

개념 쏙쏙!

수 배열표를 보고 ♥에 들어갈 수는 얼마인지 여러 가지 규칙을 활용하여 구하고 설명하시오.

101	102	103	104	105	106	107	108	109	110
111	112	113	114	115	116	117	118	♥	120
121	122	123	124	125	126	127	128	129	130
131	132	133	134	135	136	137	138	139	140
141	142	143	144	145	146	147	148	149	150

1 가로줄의 규칙을 활용하여 구하여 보시오.

1) 수 배열표에서 111부터 오른쪽으로 읽어 보시오.

111–112–113–114–115–116–117–118

2) 어떤 규칙이 있습니까?

1씩 커집니다.

3) ♥에 들어갈 수는 얼마인지 설명하시오.

– ♥에 들어갈 수는 118보다 [1] 큰 수인 [119] 입니다.

2 세로줄의 규칙을 활용하여 구하여 보시오.

1) 수 배열표에서 129부터 아래쪽으로 읽어 보시오.

129–139–149

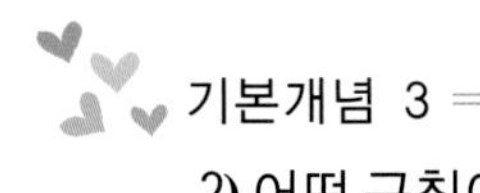

2) 어떤 규칙이 있습니까?

10씩 커집니다.

3) ♥에 들어갈 수는 얼마인지 설명하시오.

- ♥에 들어갈 수는 109보다 [10] 큰 수인 [119] 입니다.

정리해 볼까요?

수 배열표에서 규칙 찾아 설명하기

① 가로줄을 오른쪽으로 읽으면 [1] 씩 커집니다.

② 가로줄을 왼쪽으로 읽으면 [1] 씩 작아집니다.

③ 세로줄을 아래쪽으로 읽으면 [10] 씩 [커집니다.]

④ 세로줄을 위쪽으로 읽으면 [10] 씩 [작아집니다.]

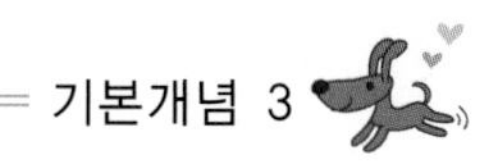

첫걸음 가볍게!

수 배열표를 보고 ★에 들어갈 수는 얼마인지 여러 가지 규칙을 활용하여 구하고 설명하시오.

251	252	253	254	255	256	257	258	259	260
261	262	263	264	265	266	267	268	269	270
271	272	273	274	275	276	277	278	279	280
281	282	283	284	285	286	287	★	289	290

1 가로줄의 규칙을 활용하여 구하여 보시오.

1) 수 배열표에서 281부터 오른쪽으로 읽어 보시오.

2) 어떤 규칙이 있습니까?

3) ★에 들어갈 수는 얼마인지 설명하시오.

– ★에 들어갈 수는 287보다 ☐ 큰 수인 ☐ 입니다.

2 세로줄의 규칙을 활용하여 구하여 보시오.

1) 수 배열표에서 258부터 아래쪽으로 읽어 보시오.

2) 어떤 규칙이 있습니까?

3) ★에 들어갈 수는 얼마인지 설명하시오.

– ★에 들어갈 수는 278보다 ☐ 큰 수인 ☐ 입니다.

기본개념 3

한 걸음 두 걸음!

수 배열표를 보고 ♣에 들어갈 수가 얼마인지 여러 가지 규칙을 활용하여 구하고 설명하시오.

541	542	543	544	545	546	547	548	549	550
551	552	553	554	555	556	557	558	559	560
561	562	563	564	565	566	♣	568	569	570
571	572	573	574	575	576	577	578	579	580

1 가로줄의 규칙을 활용하여 구하시오.

– 561부터 [   ]으로 읽어보면, ________________________________ 입니다.

____ 규칙이 있습니다.

따라서 ♣에 들어갈 수는 __________ 보다 __________ 인 [   ]입니다.

2 세로줄의 규칙을 활용하여 구하시오.

– 547부터 [   ]으로 읽어보면, ________________________________ 입니다.

____ 규칙이 있습니다.

따라서 ♣에 들어갈 수는 __________ 보다 __________ 인 [   ]입니다.

도전! 서술형!

수 배열표를 보고 ☆에 들어갈 수가 얼마인지 여러 가지 규칙을 활용하여 구하고 설명하시오.

681	682	683	684	685	686	687	688	689	690
691	692	693	694	695	696	697	698	699	700
701	702	703	704	705	706	707	708	☆	710
711	712	713	714	715	716	717	718	719	720
721	722	723	724	725	726	727	728	720	730

1 가로줄의 규칙을 활용하여 구하시오.

– ☐부터 ☐으로 읽어보면, ____________________입니다.

____________________규칙이 있습니다.

따라서 ☆에 들어갈 수는 ____________________입니다.

2 세로줄의 규칙을 활용하여 구하시오.

– ☐부터 ☐으로 읽어보면, ____________________입니다.

____________________규칙이 있습니다.

따라서 ☆에 들어갈 수는 ____________________입니다.

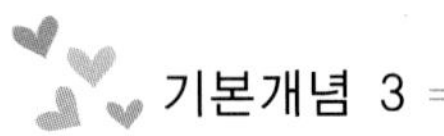

실전! 서술형!

아래의 찢어진 수 배열표를 보고 ★에 들어갈 수가 얼마인지 여러 가지 규칙을 활용하여 구하고 설명하시오.

891	892	893	894	895	89				
901	902	903	904	905	906				
911	912	913	914	915	916	917			
	22	923	924	925	926	927			
		933	934	935	936	★	94		
			944	945	946	947	948	949	0

1. 세 자리 수 (오류유형)

개념 쏙쏙!

슬기는 뛰어 세기 문제에서 아래와 같이 하였습니다. 잘못된 부분은 어디인지 찾아 바르게 고쳐 쓰고, 그 이유를 설명하시오.

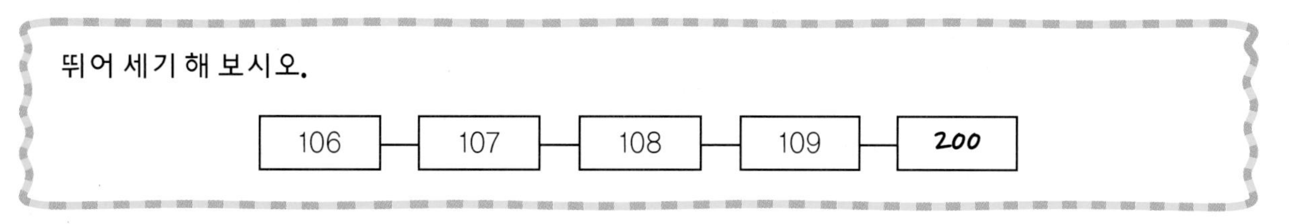

뛰어 세기 해 보시오.

106 — 107 — 108 — 109 — 200

1 뛰어 센 수를 읽어보시오.

106-107-108-109

2 106부터 뛰어 센 규칙은 무엇입니까?

1씩 뛰어 세기를 하였습니다.

3 슬기가 뛰어 세기를 잘못한 부분은 어디입니까?

– 슬기가 뛰어 세기를 잘못한 부분은 [200]입니다.

4 그 이유는 무엇입니까?

– [1]씩 뛰어 세기를 하면 수가 [1]씩 커져야 하기 때문에 [109] 다음에는 [110]입니다.

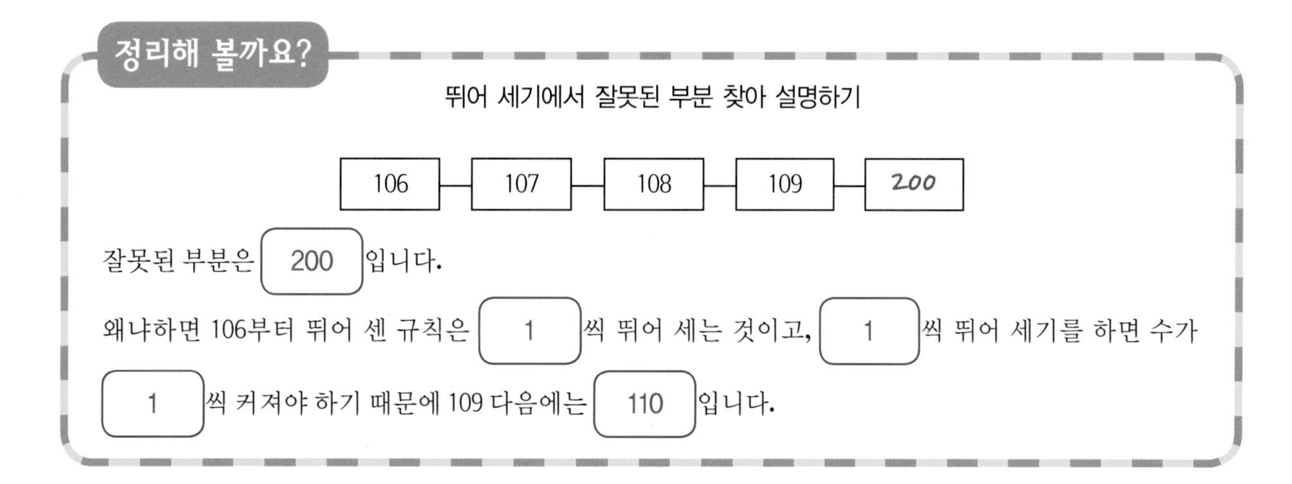

정리해 볼까요?

뛰어 세기에서 잘못된 부분 찾아 설명하기

106 — 107 — 108 — 109 — 200

잘못된 부분은 [200]입니다.

왜냐하면 106부터 뛰어 센 규칙은 [1]씩 뛰어 세는 것이고, [1]씩 뛰어 세기를 하면 수가 [1]씩 커져야 하기 때문에 109 다음에는 [110]입니다.

오류유형

첫걸음 가볍게!

예영이는 뛰어 세기 문제에서 아래와 같이 하였습니다. 잘못된 부분은 어디인지 찾아 바르게 고쳐 쓰고, 그 이유를 설명하시오.

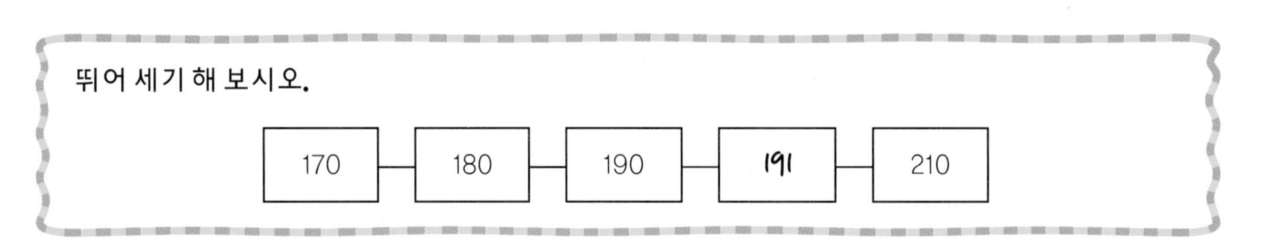

뛰어 세기 해 보시오.

170 — 180 — 190 — 191 — 210

1 170부터 뛰어 센 규칙은 무엇입니까?

2 예영이가 뛰어 세기를 잘못한 부분은 어디입니까?

– 예영이가 뛰어 세기를 잘못한 부분은 ☐ 입니다.

3 그 이유는 무엇입니까?

– ☐ 씩 뛰어 세기를 하면 수가 ☐ 씩 커져야 하기 때문에 ☐ 다음에는 ☐ 입니다.

한 걸음 두 걸음!

미주는 뛰어 세기 문제에서 다음과 같이 하였습니다. 잘못된 부분은 어디인지 찾아 바르게 고쳐 쓰고, 그 이유를 설명하시오.

뛰어 세기 해 보시오.

250 — 260 — 270 — 280 — 300

1 250부터 뛰어 센 규칙은 무엇입니까?

[ ]

2 미주가 뛰어 세기를 잘못한 부분은 어디입니까?

– 미주가 뛰어 세기를 잘못한 부분은 ____________________ 입니다.

3 그 이유는 무엇입니까?

– [ ] 씩 뛰어 세기를 하면 ______________________________ 때문에

____.

오류유형

도전! 서술형!

태준이는 뛰어 세기 문제에서 다음과 같이 하였습니다. 잘못된 부분은 어디인지 찾아 바르게 고쳐 쓰고, 그 이유를 설명하시오.

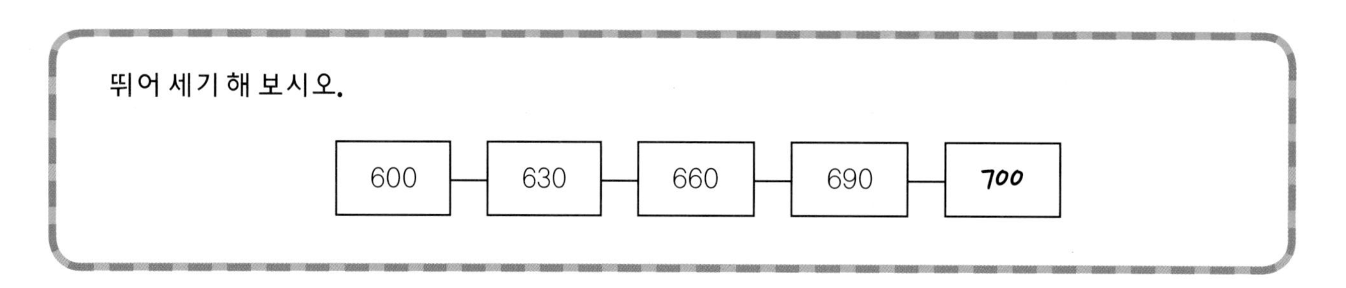

1 600부터 뛰어 센 규칙은 무엇입니까?

2 태준이가 뛰어 세기를 잘못한 부분은 어디입니까?

– 태준이가 뛰어 세기를 잘못한 부분은 ______________________ 입니다.

3 그 이유는 무엇입니까?

– ______________________________ 때문에

______________________________.

실전! 서술형!

승아는 뛰어 세기 문제에서 다음과 같이 하였습니다. 잘못된 부분은 어디인지 찾아 바르게 고쳐 쓰고, 그 이유를 설명하시오.

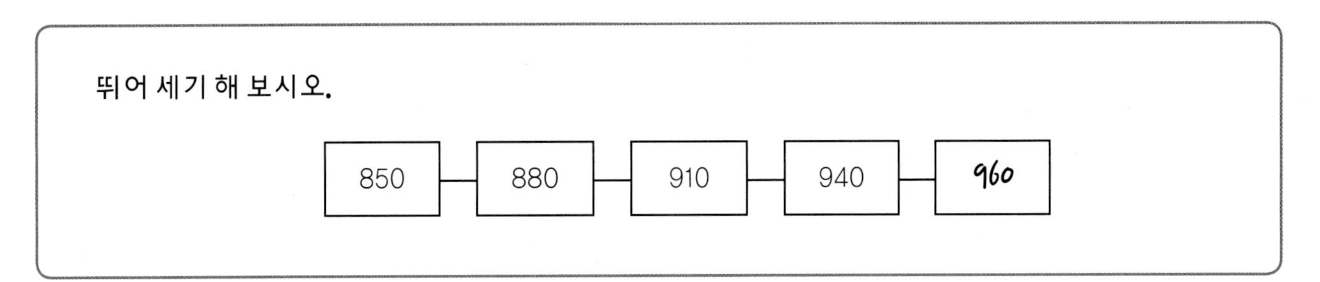

뛰어 세기 해 보시오.

850 — 880 — 910 — 940 — 960

Jumping Up! 창의성!

도깨비 나라에서는 126을 다음과 같이 나타낸다고 합니다.

♥	◁◁	◎◎◎◎◎◎
1	2	6

1 365를 도깨비나라 수 표현 방법으로 나타내어 봅시다.

도깨비 나라	인간세상		365를 도깨비 나라 수 표현으로 나타내면?
♥			
◁			
◎			

2 도깨비나라 수 표현 방법의 불편한 점을 생각하여 봅시다.

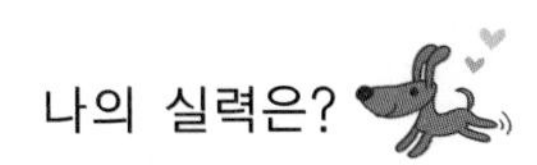

나의 실력은?

1 영미는 화폐 박물관에서 옛날 동전을 관찰하였습니다. 전시된 동전이 얼마인지 구하고 설명하시오.

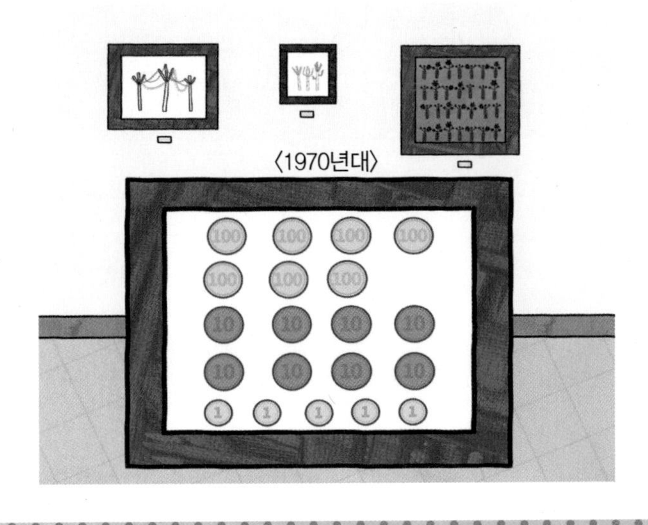

2 유라와 민하는 주말 동안 줄넘기 연습을 하였습니다. 누가 더 많은 횟수를 넘었는지 구하고 설명하시오.

유라	민하
135	138

3 수 배열표를 보고 ★에 들어갈 수는 얼마인지 여러 가지 규칙을 활용하여 구하고 설명하시오.

311	312	313	314	315	316	317	318	319	320
321	322	323	324	325	326	327	328	329	330
331	332	333	334	335	336	337	338	339	340
341	342	343	344	345	346	347	★	349	350

4 은희는 뛰어 세기 문제에서 다음과 같이 하였습니다. 잘못된 부분은 어디인지 찾아 바르게 고쳐 쓰고, 그 이유를 설명하시오.

뛰어 세기 해 보시오.

310 — 330 — 350 — 370 — 380

2-1
2. 여러 가지 도형

2. 여러 가지 도형(기본개념1)

개념 쏙쏙!

다음 도형 중 삼각형을 찾고 그 이유를 설명해 보시오.

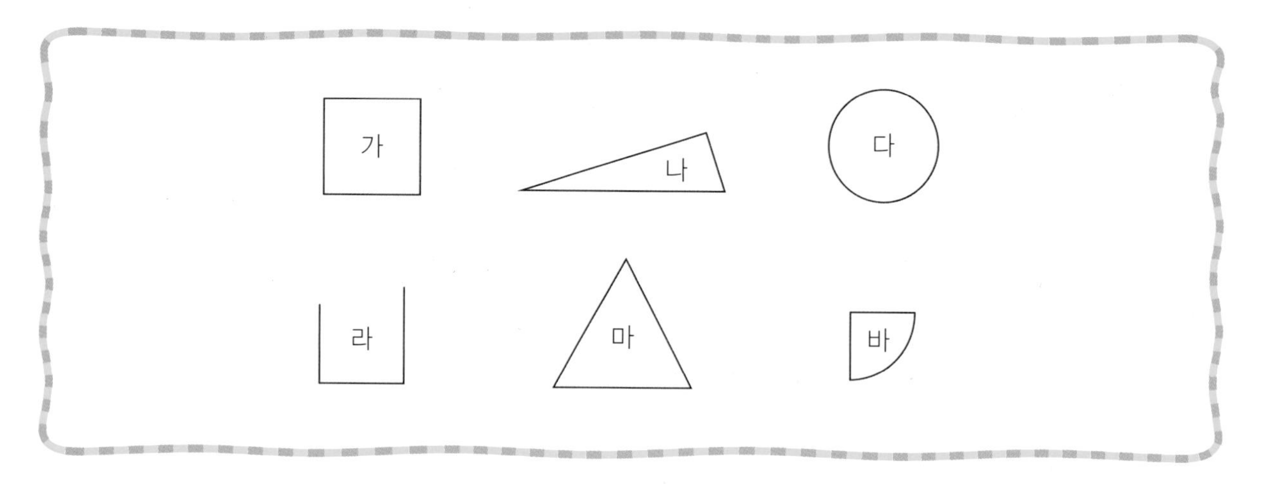

1 삼각형은 [변]이 [3]개, [꼭짓점]도 [3]개이고, 모든 변이 만나고 있는 도형입니다.

2 모든 변이 만나고 있는 도형은 [가, 나, 마]입니다.

3 변이 3개인 도형은 [나, 라, 마]입니다.

4 꼭짓점이 3개인 도형은 [나, 마]입니다.

5 따라서 위 도형에서 삼각형은 [나, 마]입니다.

6 위 도형에서 삼각형을 찾고 그 이유를 설명하여 봅시다.

- 삼각형은 [나, 마] 입니다.

왜냐하면 [변] 이 [3] 개, [꼭짓점] 도 [3] 개이고,

모든 [변] 이 만나고 있습니다.

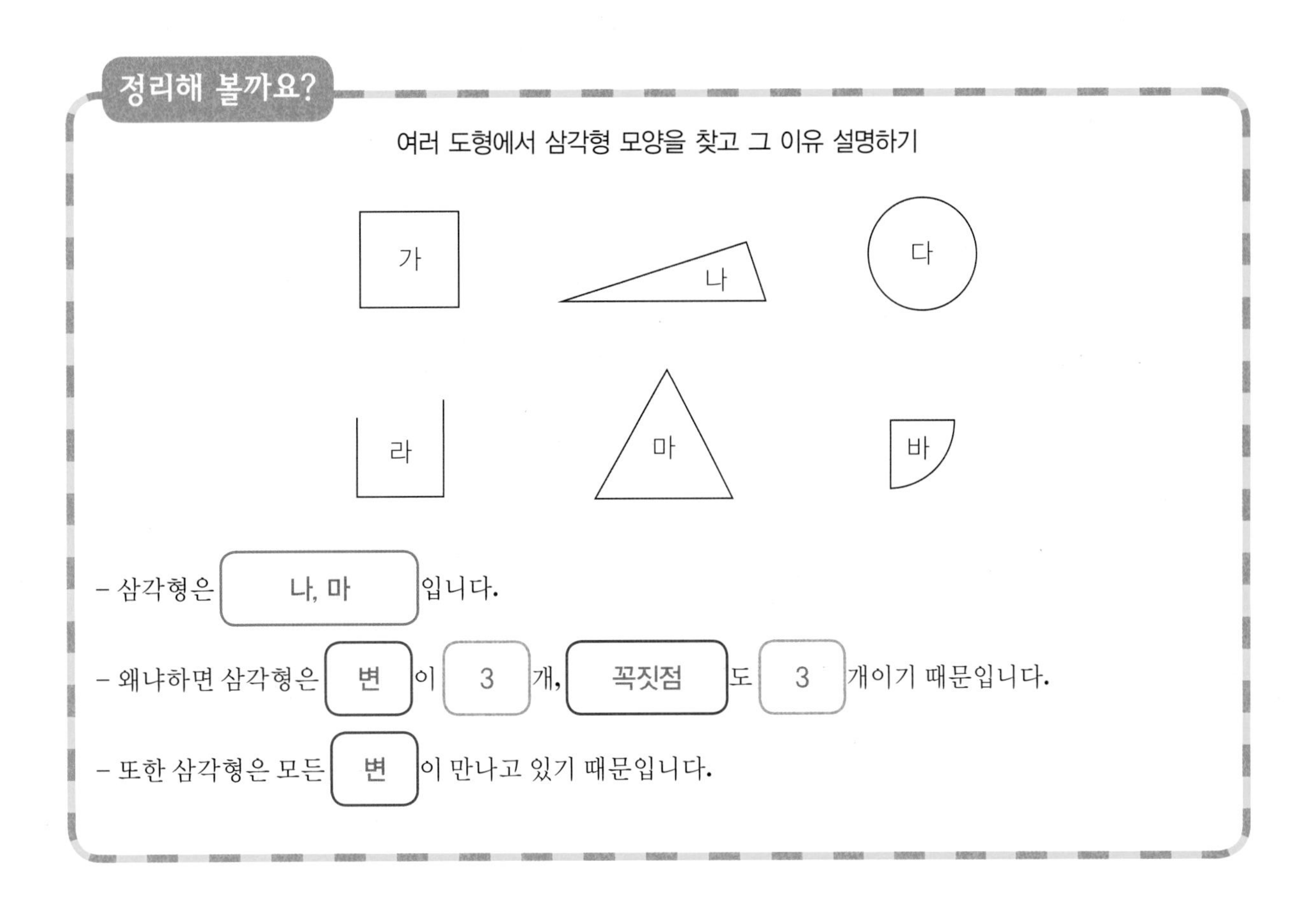

기본개념 1

첫걸음 가볍게!

다음 도형 중 사각형을 찾아 기호를 쓰고 사각형의 특징을 설명하여 봅시다.

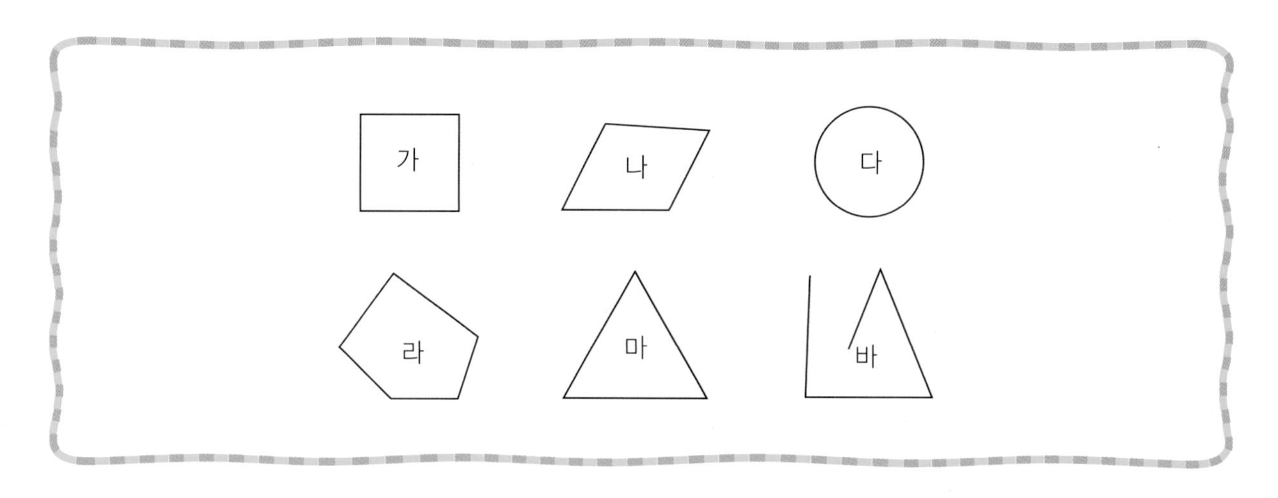

1 사각형은 ☐이 ☐개, ☐도 ☐개이고, 모든 변이 만나고 있는 도형입니다.

2 모든 ☐이 만나고 있는 도형은 ☐입니다.

3 ☐이 4개인 도형은 ☐입니다.

4 꼭짓점이 4개인 도형은 ☐입니다.

5 따라서 위 도형에서 사각형은 ☐입니다.

6 위 도형에서 사각형을 찾고 그 이유를 설명하여 봅시다.

– 사각형은 ☐입니다.

왜냐하면 ☐이 ☐개, ☐도 ☐개이고, 모든 ☐이 만나고 있습니다.

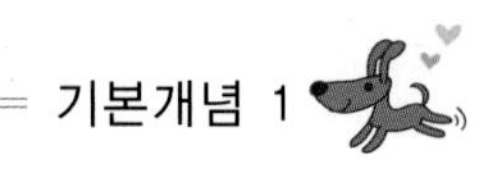

한 걸음 두 걸음!

다음 도형 중 오각형을 찾아 기호를 쓰고 오각형의 특징을 설명하여 봅시다.

가 나 다

라 마 바

1 오각형은 [ ]이 [ ]개, [ ]도 [ ]개이고, ______________________

__________ 도형입니다.

2 모든 [ ]이 만나고 있는 도형은 ______________________ 입니다.

3 [ ]이 ______________________ 입니다.

4 [ ]이 ______________________ 입니다.

5 따라서 위 도형에서 오각형은 [ ]입니다.

6 위 도형에서 오각형을 찾고 그 이유를 설명하여 봅시다.

– 오각형은 [ ]입니다.

왜냐하면 [ ]이 [ ]개, [ ]도 [ ]개이고, 모든 [ ]이 만나고 있습니다.

도전! 서술형!

다음 도형 중 육각형을 찾아 기호를 쓰고 육각형의 특징을 설명하여 봅시다.

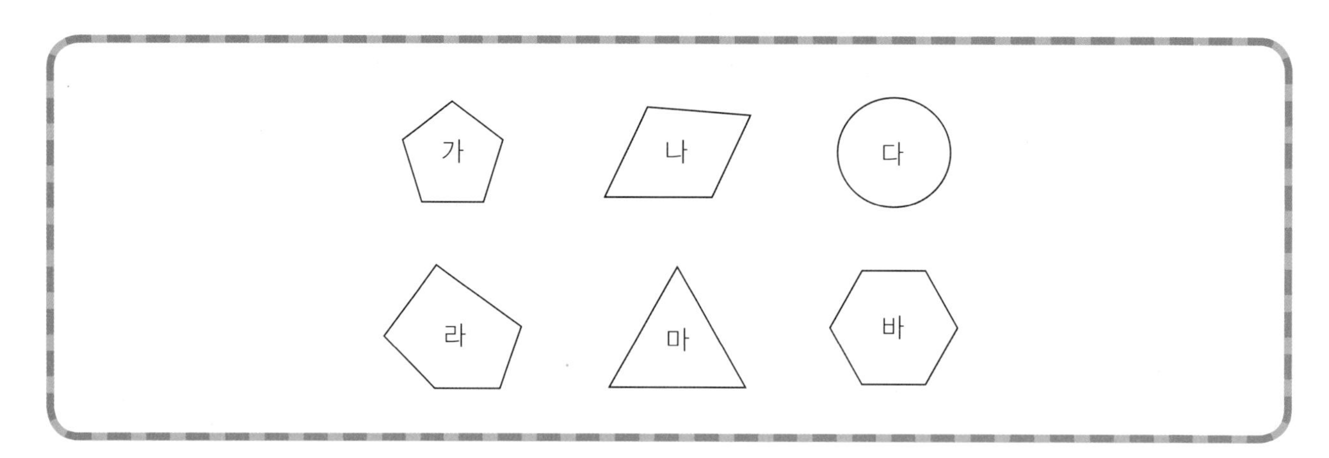

1 육각형은 ______________________________

________ 도형입니다.

2 모든 [   ]이 ______________________________ 입니다.

3 [   ]이 ______________________________ 입니다.

4 [   ]이 ______________________________ 입니다.

5 따라서 ______________________________ 입니다.

6 위 도형에서 육각형을 찾고 그 이유를 설명하여 봅시다.

- 육각형은 [   ]입니다.

왜냐하면 ______________________________

______________________________.

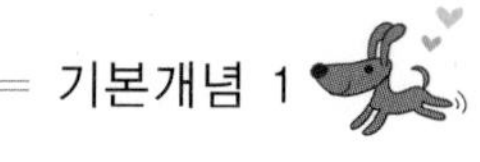

실전! 서술형!

축구공과 벌집에서 찾을 수 있는 공통적인 도형의 이름을 쓰고, 그 도형의 특징을 설명하여 봅시다.

2. 여러 가지 도형(기본개념2)

개념 쏙쏙!

가 와 나 도형들의 공통점과 차이점을 설명하여 보시오.

가

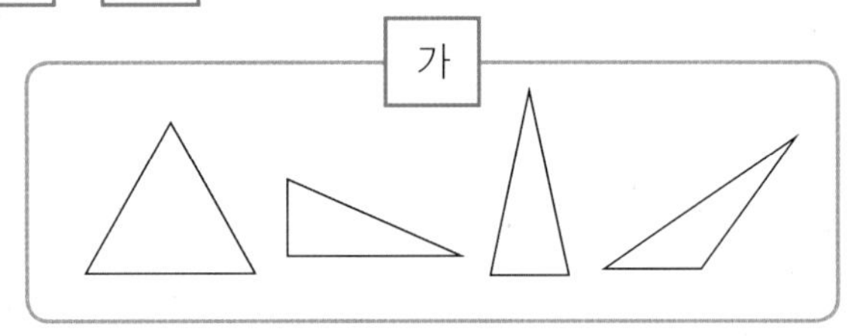

나

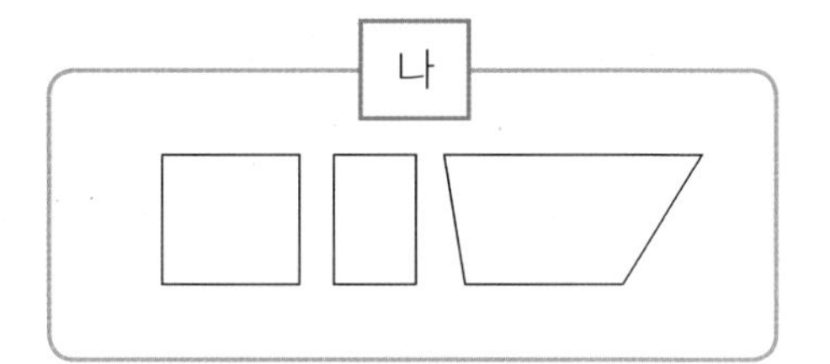

1 가 와 나 도형들의 이름은 각각 무엇입니까?

가 : 삼각형 , 나 : 사각형

2 가 와 나 도형들의 공통점과 차이점을 알아봅시다.

	가	나
이름	삼각형	사각형
공통점	· 모든 선이 곧은 선 입니다. · 곧은 선 과 곧은 선 이 만났습니다.	
차이점	· 변 이 3 개입니다. · 꼭짓점 이 3 개입니다.	· 변 이 4 개입니다. · 꼭짓점 이 4 개입니다.

정리해 볼까요?

삼각형과 사각형의 공통점과 차이점 알아보기

- 공통점 : 모든 선이 곧은 선 입니다. 곧은 선 과 곧은 선 이 만났습니다.
- 차이점 : 삼각형은 변 과 꼭짓점 이 3 개이지만,
  사각형은 변 과 꼭짓점 이 4 개입니다.

첫걸음 가볍게!

[가]와 [나] 도형들의 공통점과 차이점을 설명하여 보시오.

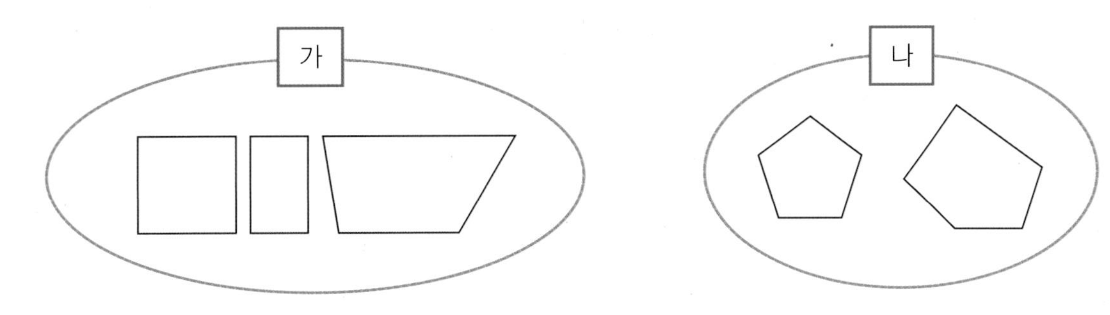

1 [가]와 [나] 도형들의 이름은 각각 무엇입니까?

[가]: [　　　], [나]: [　　　]

2 [가]와 [나] 도형들의 공통점과 차이점을 알아봅시다.

	가	나
이름	[　　　]	[　　　]
공통점	· 모든 선이 [　　　]입니다. · [　　　]과 [　　　]이 만났습니다.	
차이점	· [　　]이 [　　]개입니다. · [　　　]이 [　　]개입니다.	· [　　]이 [　　]개입니다. · [　　　]이 [　　]개입니다.

기본개념 2

한 걸음 두 걸음!

[가]와 [나] 도형들의 공통점과 차이점을 설명하여 보시오.

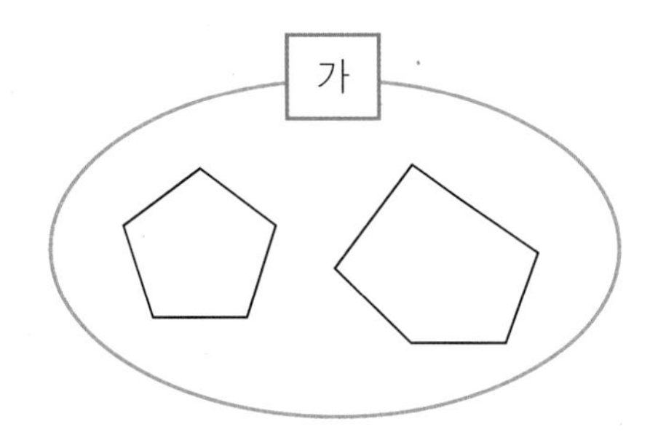

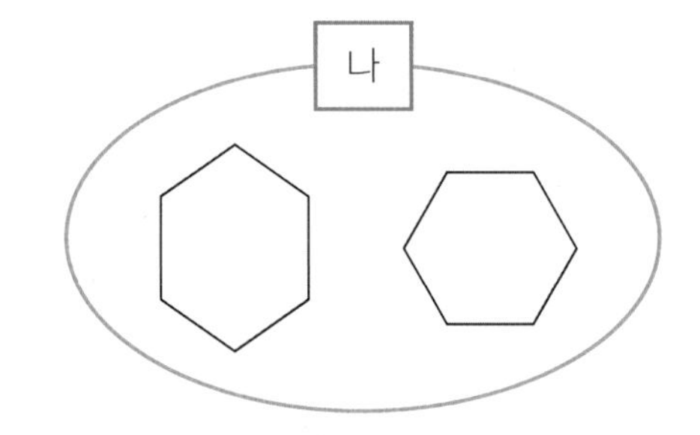

1 [가]와 [나] 도형들의 이름은 각각 무엇입니까?

[가]: ☐, [나]: ☐

2 [가]와 [나] 도형들의 공통점과 차이점을 알아봅시다.

	가	나
이름	☐	☐
공통점		
차이점		

도전! 서술형!

다음 그림에서 가장 많이 사용한 도형과 가장 적게 사용한 도형의 공통점과 차이점을 설명하시오.

1 사용한 도형의 이름과 개수를 알아봅시다.

도형의 이름	원	삼각형	☐
개수	☐개	☐개	☐개

2 가장 많이 사용한 도형과 가장 적게 사용한 도형은 각각 무엇입니까?

가장 많이 사용한 도형 : ☐ 가장 적게 사용한 도형 : ☐

3 두 도형의 공통점과 차이점을 알아봅시다.

도형의 이름	☐	☐
공통점		
차이점		

실전! 서술형!

다음 그림에서 가장 많이 사용한 도형과 가장 적게 사용한 도형의 공통점과 차이점을 설명하시오.

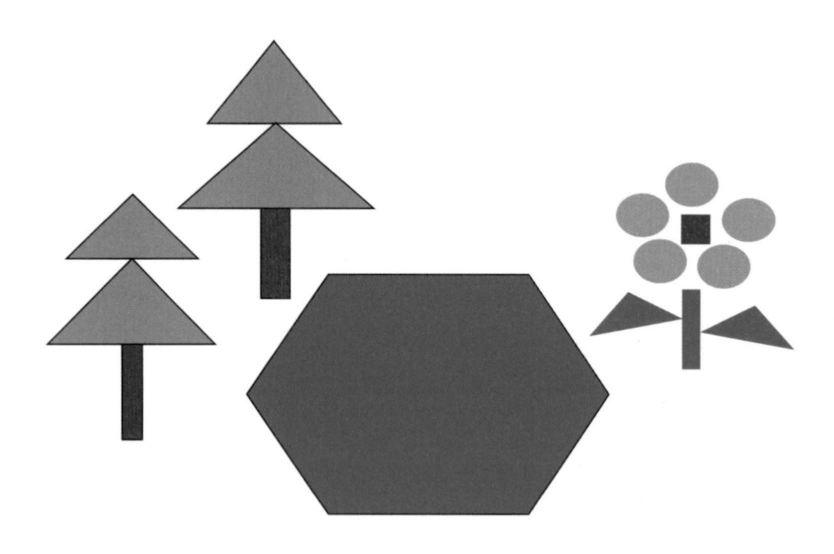

Jumping Up! 창의성!

다음 도형 중 원 모양을 찾고 그 이유를 설명해 보시오.

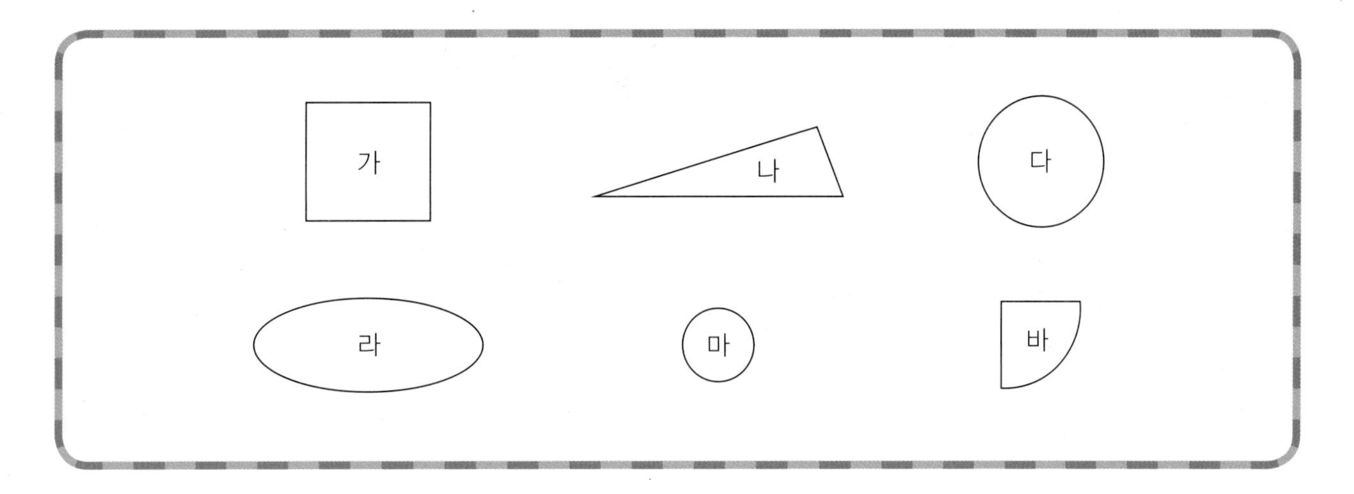

1 원 모양은 [ ] 과 [ ] 이 없고, [ ] 에서 보았을 때 똑같은 모양입니다.

2 위 도형에서 변과 꼭짓점이 없는 도형은 어느 것입니까?

[ ]

3 여러 방향에서 보았을 때 똑같은 모양인 도형은 어느 것입니까?

[ ]

4 따라서 원 모양은 [ ] 입니다.

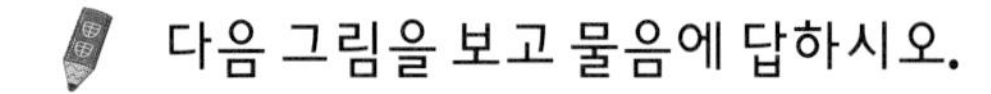

나의 실력은?

다음 그림을 보고 물음에 답하시오.

1 가장 많이 사용한 도형의 이름을 쓰고, 그 도형의 특징을 설명하여 보시오.

2 가장 많이 사용한 도형과 가장 적게 사용한 도형의 공통점과 차이점을 설명하시오.

2-1
3. 덧셈과 뺄셈

3. 덧셈과 뺄셈(기본개념1)

개념 쏙쏙!

도연이는 딸기맛 사탕 26개, 사과맛 사탕 8개를 갖고 있습니다. 도연이가 가진 사탕은 모두 몇 개인지 구하는 식을 쓰고, 방법을 설명하시오.

1 덧셈식으로 나타내어 봅시다.

26 + 8

2 그림으로 알아봅시다.

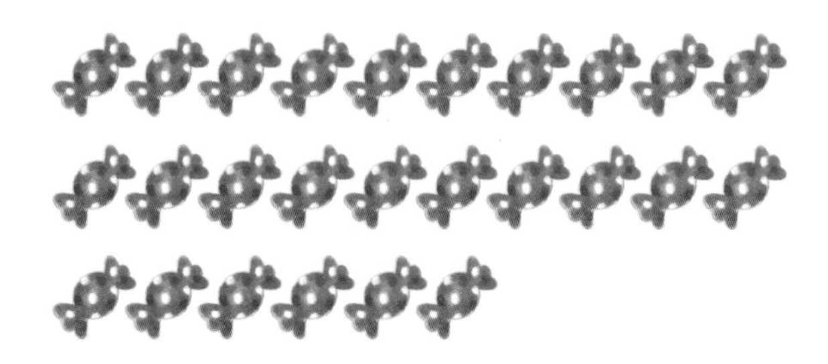

① 10개씩 묶어서 세어 봅시다.

② 10개씩 묶어서 세면, 10개씩 묶음이 [3]개, 낱개 [4]개가 됩니다.

그래서 사탕은 모두 [34]개입니다.

3 수모형으로 알아봅시다.

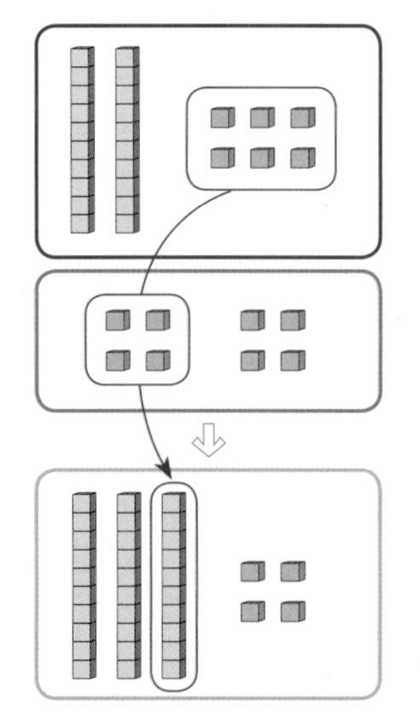

① 일 모형은 [6]+[8]로 [14]개입니다.

② 일 모형 [10]개는 십 모형 [1]개로 바꿉니다.

③ 십 모형은 (2)+(1)이므로 [3]개입니다.

따라서 26과 8의 합은 십 모형 [3]개, 일 모형 [4]개 이므로 [34]입니다.

'일 모형'은 '낱개 모형'이라고도 합니다.

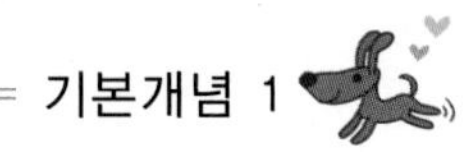

4 수모형으로 알아본 방법을 세로 덧셈식으로 나타내어 봅시다.

1) 일의 자리 6+8
2) 십의 자리 20+0

$$\begin{array}{r} 26 \\ +\ \ 8 \\ \hline 14 \\ 20 \\ \hline 34 \end{array} \Rightarrow \begin{array}{r} {\scriptsize 1} \\ 26 \\ +\ \ 8 \\ \hline 34 \end{array}$$

① 같은 자리 수 끼리 더합니다.

② 일의 자리 수끼리 더하면 6 + 8 = 14 로 4 는 일 의 자리에 쓰고, 10 은 십 의 자리에 1로 올립니다.

③ 십의 자리 수 2 에 받아 올림 한 수 1을 더한 3 을 십 의 자리에 씁니다.

④ 합은 34 입니다.

정리해 볼까요?

26+8의 계산 방법 설명하기

방법1. 수모형으로 알아보기

① 일 모형은 6 + 8 로 14 개입니다.

② 일 모형 10 개는 십 모형 1 개로 바꿉니다.

③ 십 모형은 2 + 1 로 3 개입니다.

④ 따라서 26과 8의 합은 십 모형 3 개, 일 모형 4 개로 34 입니다.

방법2. 세로 덧셈식으로 알아보기

① 같은 자리 수끼리 더합니다.

② 일의 자리 수끼리 더하면 6 + 8 = 14 로 4 는 일 의 자리에 쓰고, 10 은 십 의 자리에 1로 올립니다.

③ 십의 자리 수 2 에 받아 올림 한 수 1을 더한 3 을 십 의 자리에 씁니다.

④ 합은 34 입니다.

첫걸음 가볍게!

슬비는 빨간 색연필 25자루, 파란 색연필 18자루를 갖고 있습니다. 슬비가 가진 색연필은 모두 몇 자루인지 구하는 식을 쓰고, 방법을 설명하시오.

1 식으로 나타내어 봅시다.

[ ]

2 그림으로 알아봅시다.

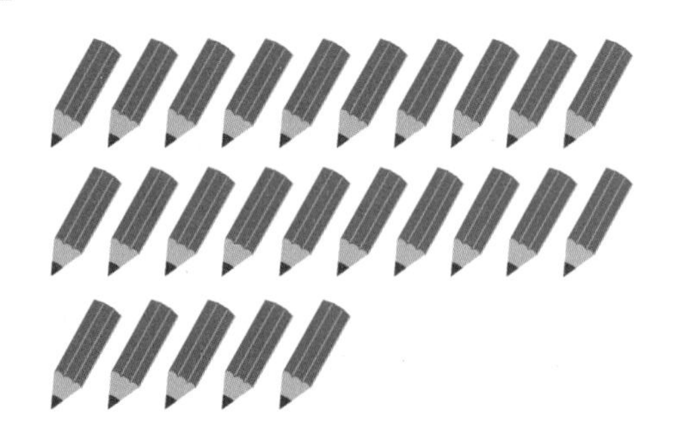

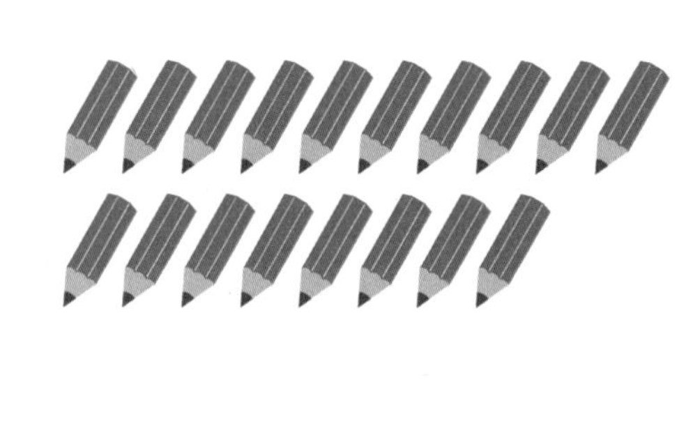

① 10개씩 묶어서 세어 봅시다.

② 10개씩 묶어서 세면 10개씩 묶음이 [ ]개, 낱개 [ ]개가 됩니다.

그래서 색연필은 모두 [ ]자루입 니다.

3 수모형으로 알아봅시다.

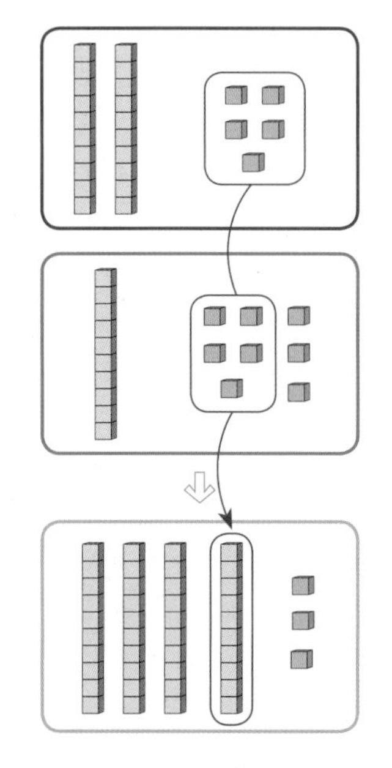

① 일 모형은 [ ]+[ ]로 [ ]개입니다.

② 일 모형 [ ]개는 십 모형 [ ]개로 바꿉니다.

③ 십 모형은 ( )+( )+1이므로 [ ]개입니다.

따라서 25와 18의 합은 십 모형 [ ]개, 일 모형 [ ]개이므로 [ ]입니다.

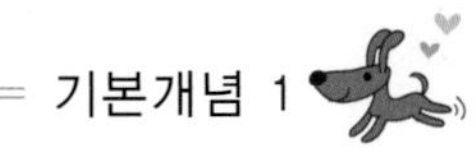

4 수모형으로 알아본 방법을 세로 덧셈식으로 나타내어 봅시다.

```
                          2 5                 □
                        + 1 8                 2 5
1) 일의 자리   5+8      [   ]    ⇨        + 1 8
2) 십의 자리   20+10    [   ]              [ ][ ]
                        [   ]
```

① [ ]끼리 더합니다.

② 일의 자리 수끼리 더하면 [ ]으로 [ ]은 [ ]의 자리에 쓰고, [ ]은 [ ]의 자리에 1로 올려줍니다.

③ 십의 자리 수끼리 더하면 [2 + 1 = 3]으로 [3]에 받아 올림 한 1을 더한 [ ]를 [ ]의 자리에 씁니다.

④ 합은 [ ]입니다.

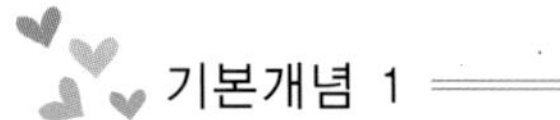

기본개념 1

한 걸음 두 걸음!

영아는 어제 35개, 오늘은 27개의 줄넘기를 넘었습니다. 영아가 어제와 오늘 한 줄넘기 기록은 모두 몇 개인지 구하는 식을 쓰고, 방법을 설명하시오.

1 식으로 나타내어 봅시다.

[ ]

2 수모형으로 알아봅시다.

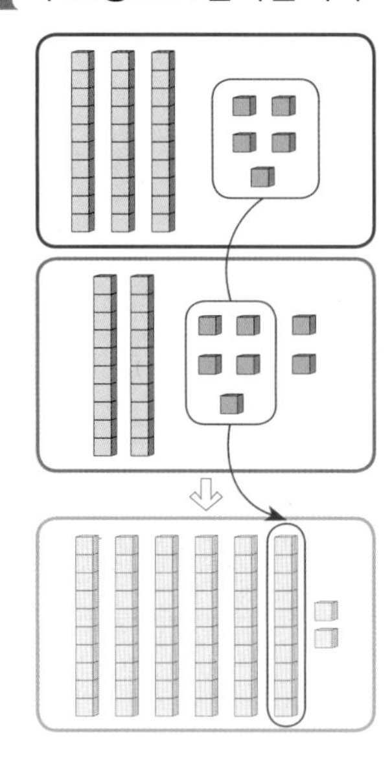

① 일 모형은 ______________ 입니다.

② 일 모형 [ ] 개는 십 모형 [ ] 개로 바꿉니다.

③ 십 모형은 ______________ 입니다.

따라서 35와 27의 합은 십 모형 [ ] 개, 일 모형 [ ] 개 이므로 [ ] 입니다.

3 수모형으로 알아본 방법을 세로 덧셈식으로 나타내어 봅시다.

1) 일의 자리 5+7
2) 십의 자리 30+20

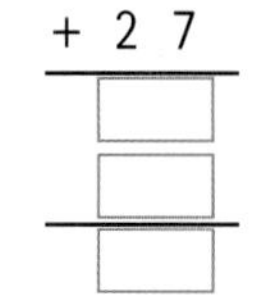

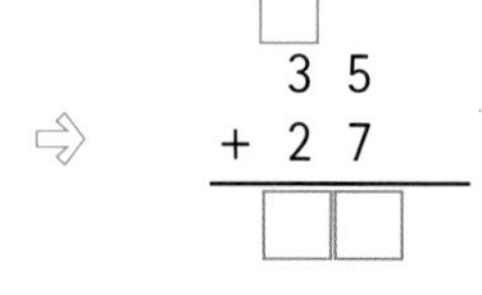

① [ ] 끼리 더합니다.

② 일의 자리 수끼리 더하면 ______________

[ ] 은 [ ] 의 자리에 1로 올려줍니다.

③ 십의 자리 수끼리 더하면 ______________

____

④ 합은 [ ] 입니다.

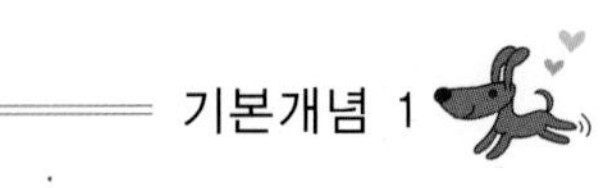

도전! 서술형!

재휘는 딱지를 모읍니다. 동그란 딱지는 27개, 네모난 딱지는 44개가 있습니다. 재휘가 모은 딱지는 모두 몇 개인지 구하는 식을 쓰고, 방법을 설명하시오.

1 식으로 나타내어 봅시다.

[　　　　　　]

2 수모형으로 알아봅시다.

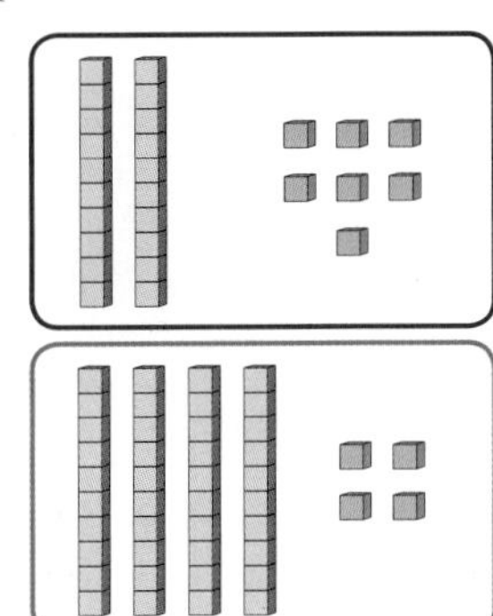

① 일 모형은 ______________ 입니다.

② 일 모형 ______________ 바꿉니다.

③ 십 모형은 ______________ 입니다.

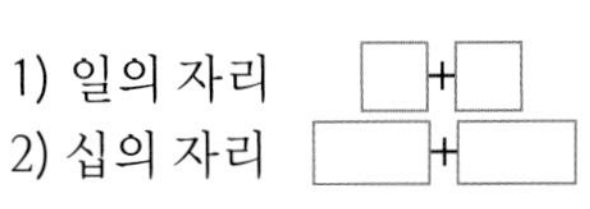

따라서 27과 44의 합은 ______________ 이므로 [　　]입니다.

3 수모형으로 알아본 방법을 세로 덧셈식으로 나타내어 봅시다.

1) 일의 자리 □+□
2) 십의 자리 □+□

$$\begin{array}{r} 2\ 7 \\ +\ 4\ 4 \\ \hline \square \\ \square \\ \hline \square \end{array} \Rightarrow \begin{array}{r} \square \\ 2\ 7 \\ +\ 4\ 4 \\ \hline \square\square \end{array}$$

① ______________________________.

② 일의 자리 수끼리 더하면 ______________________________

______________________________.

③ 십의 자리 수끼리 더하면 ______________________________

______________________________.

④ 합은 ______________________________.

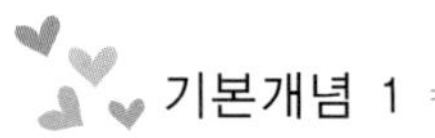

실전! 서술형!

은아네 반은 여학생이 14명, 남학생이 17명입니다. 은아네 반 학생은 모두 몇 명인지 구하는 식을 쓰고, 방법을 설명하시오.

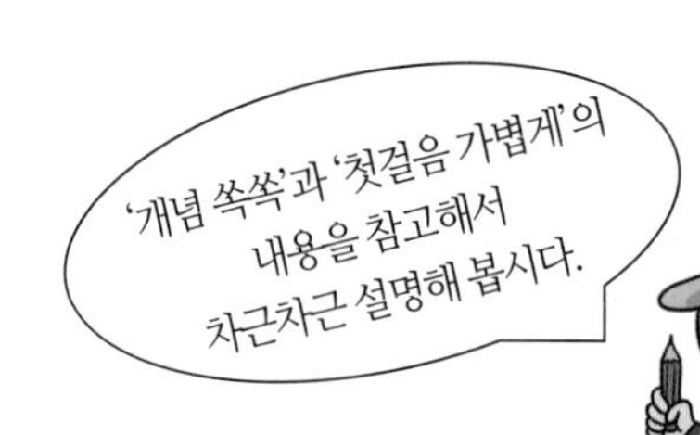

개념 쏙쏙!

47−38을 두 가지 방법으로 구하고 설명하시오.

1 빼는 수(뒤의 수)를 가르기하여 구해 봅시다.

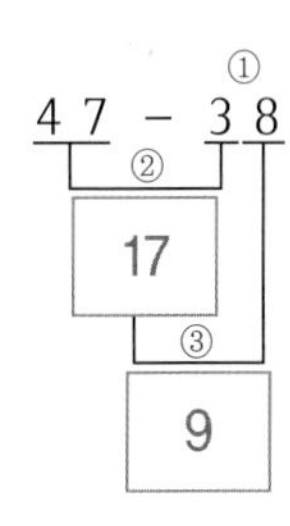

① 38을 30 과 8 로 가르기 합니다.

② 47에서 38의 30 을 먼저 빼면 17 입니다.

③ 17 에서 8 을 빼면 9 가 됩니다.

2 빼어지는 수(앞의 수)를 가르기하여 구해 봅시다.

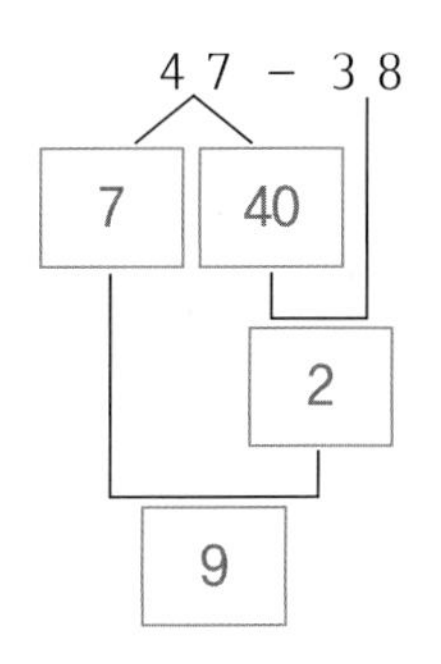

① 47을 40 과 7 로 가르기 합니다.

② 40에서 38 을 빼면 2 입니다.

③ 2 와 남아있는 7 을 더하면 9 가 됩니다.

정리해 볼까요?

47−38을 구하는 여러 가지 방법 알아보기

방법 1. 뒤의 수를 가르기하여 구하기

① 38을 30 과 8 로 가르기 합니다.

② 47에 38의 30 을 먼저 빼면 17 입니다.

③ 17 에서 8 을 빼면 9 가 됩니다.

방법 2. 앞의 수를 가르기하여 구하기

① 47을 40 과 7 로 가르기 합니다.

② 40에서 38 을 빼면 2 입니다.

③ 2 와 남아있는 7 을 더하면 9 가 됩니다.

첫걸음 가볍게!

53−37을 두 가지 방법으로 구하고 설명하시오.

1 빼는 수(뒤의 수)를 가르기하여 구해 봅시다.

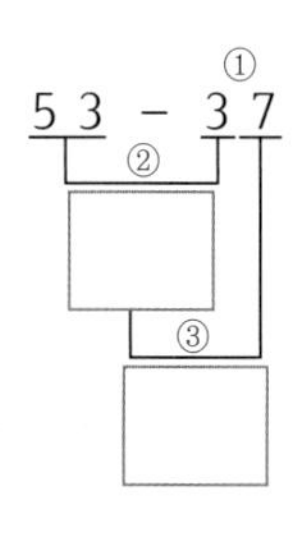

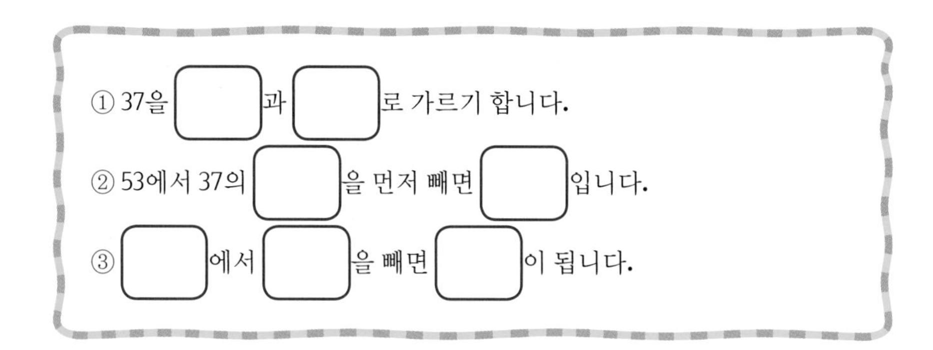

2 빼어지는 수(앞의 수)를 가르기하여 구해 봅시다.

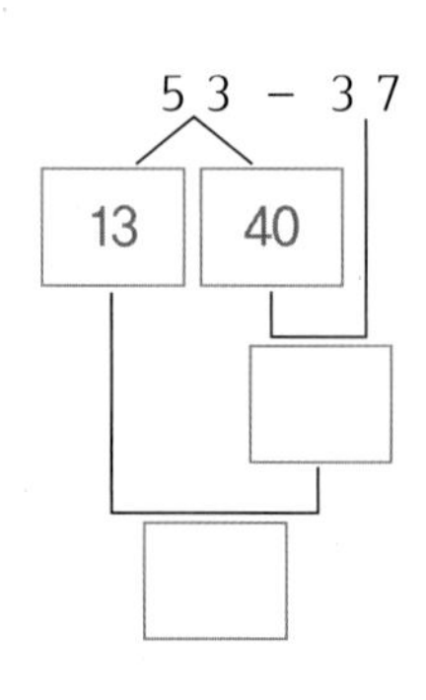

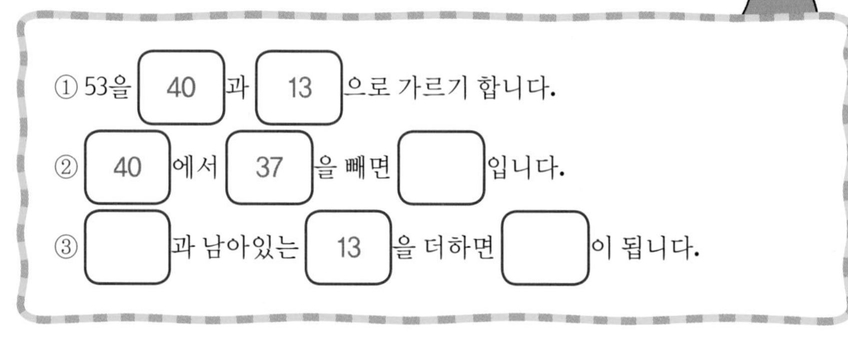

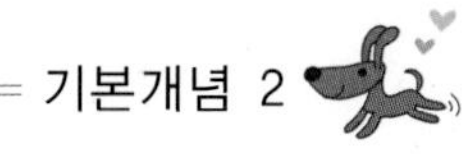

한 걸음 두 걸음!

72－48을 두 가지 방법으로 구하고 설명하시오.

1 빼는 수(뒤의 수)를 가르기하여 구해 봅시다.

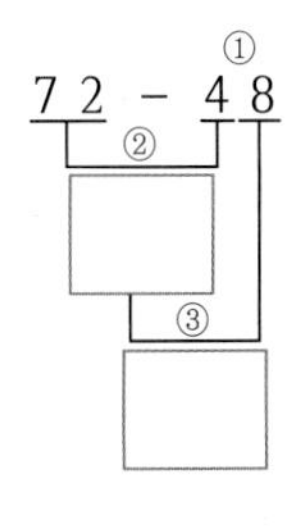

① 48을 ______________________.

② 72에서 48의 [　] 을 먼저 빼면 ______________________.

③ [　] 에서 ______________________.

2 빼어지는 수(앞의 수)를 가르기하여 구해 봅시다.

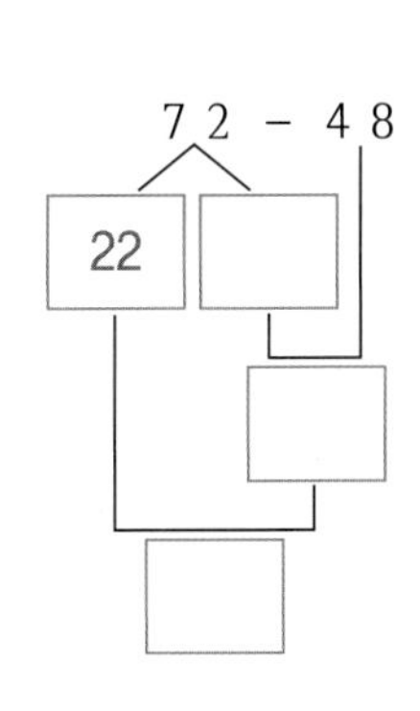

① 72를 ______________________.

② [　] 에서 [　] 을 빼면 ______________________.

③ [　] 와 남아있는 [　] 를 더하면 ______________________

______________________.

도전! 서술형!

83−47을 두 가지 방법으로 구하고 설명하시오.

1 빼는 수(뒤의 수)를 가르기하여 구해 봅시다.

83 − 47 (① ② ③)

① 47을 ____________________.

② 83에서 ____________________.

③ ____________________.

2 빼어지는 수(앞의 수)를 가르기하여 구해 봅시다.

83 − 47 → 33, □

① 83을 ____________________.

② □에서 ____________________.

③ □와 남아있는 ____________________

____________________.

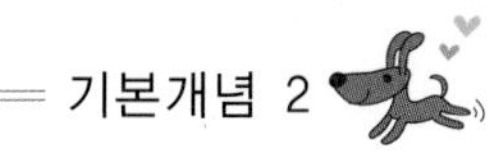

실전! 서술형!

63−29를 두 가지 방법으로 구하고 설명하시오.

방법 1

방법 2

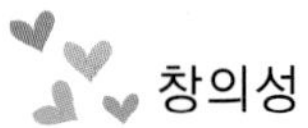

Jumping Up! 창의성! ①

여러 가지 방법으로 덧셈을 해결하고 설명하시오.

1 더하는 수(뒤의 수)를 가르기하여 구해봅시다.

1) 몇 십과 몇으로 가르기

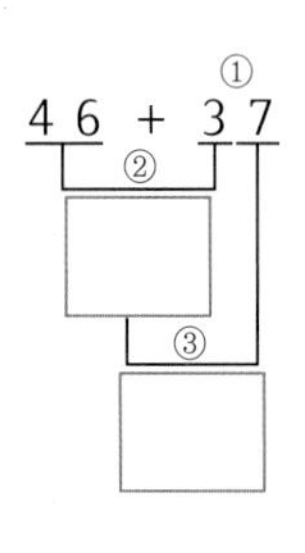

① 37을 [30] 과 [7] 로 가르기 합니다.

② 46에 37의 [30] 을 먼저 더하면 [ ] 입니다.

③ [ ] 에 [7] 을 더하면 [ ] 이 됩니다.

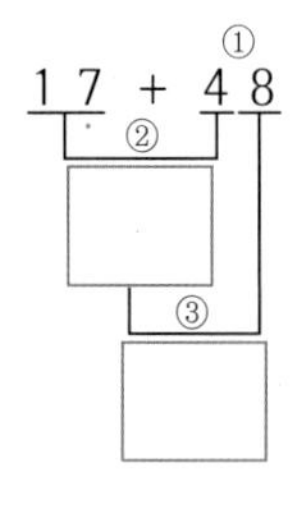

① 48을 [ ] 과 [ ] 로 가르기 합니다.

② 17에 48의 [ ] 을 먼저 더하면 [ ] 입니다.

③ [ ] 에 [ ] 을 더하면 [ ] 가 됩니다.

2) 앞의 수를 몇 십으로 만들어 주기 위해 가르기하여 구해봅시다.

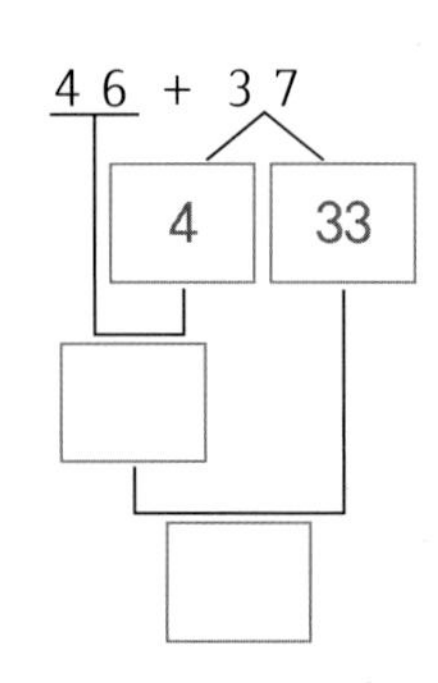

① 37을 [33] 과 [4] 로 가르기 합니다.

② 46에 37의 [4] 를 먼저 더하면 [ ] 입니다.

③ [ ] 에 [33] 을 더하면 [ ] 이 됩니다.

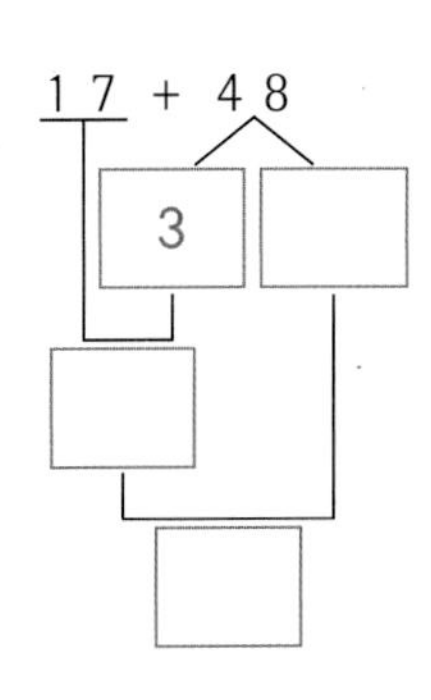

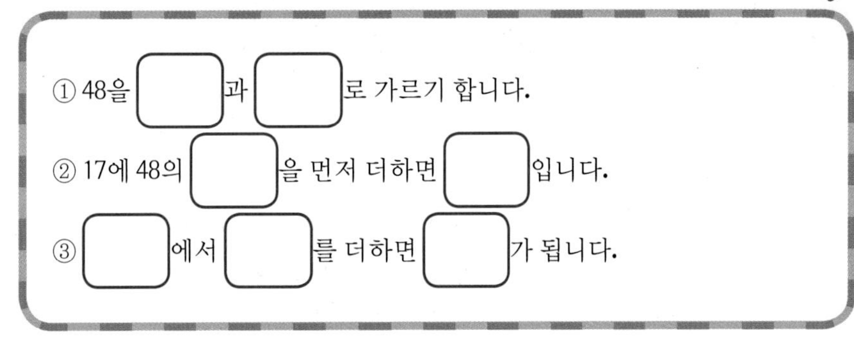

2 더해지는 수(앞의 수)를 가르기하여 구해봅시다.

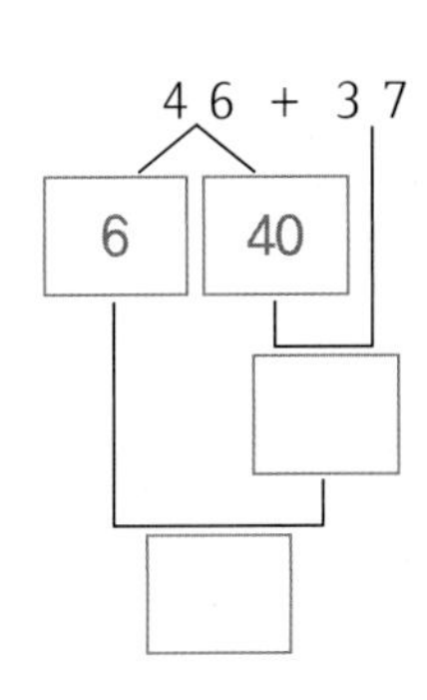

① 46을 [40] 과 [6] 으로 가르기 합니다.

② 46의 [40] 과 37을 먼저 더하면 [ ] 입니다.

③ [ ] 과 남아있는 [6] 을 더하면 [ ] 이 됩니다.

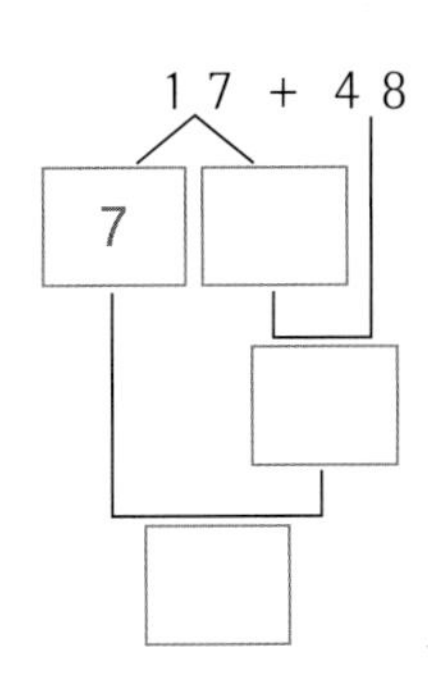

① 17을 [ ] 과 [ ] 로 가르기 합니다.

② 17의 [ ] 과 48을 먼저 더하면 [ ] 입니다.

③ [ ] 과 남아있는 [7] 을 더하면 [ ] 가 됩니다.

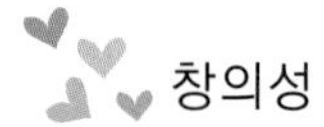

Jumping Up! 창의성! ②

소민이는 뺄셈 문제를 다음과 같이 풀었습니다.

1 소민이의 방법을 활용하여 다음 뺄셈 문제를 해결하고 설명하시오.

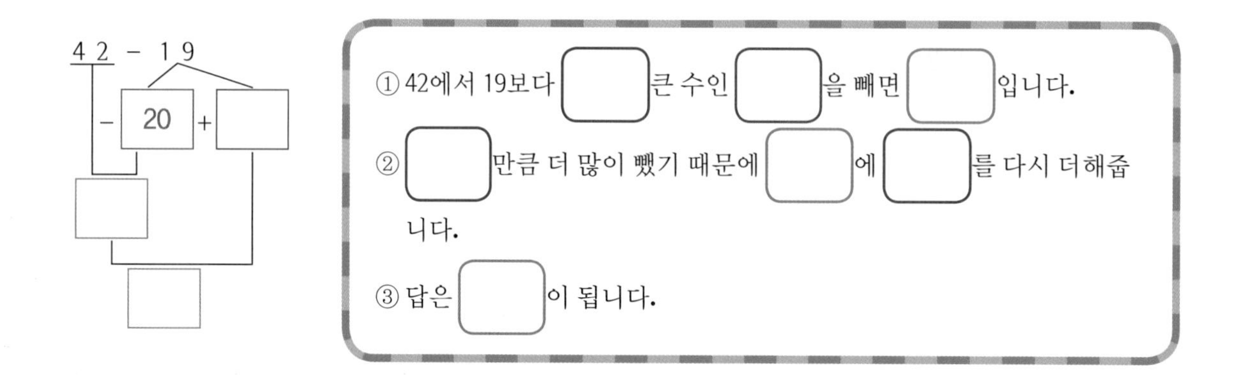

2 소민이가 사용한 방법은 어떤 경우에 사용하는 것이 좋을지 생각해 봅시다.

3. 덧셈과 뺄셈(기본개념3)

개념 쏙쏙!

서진이는 연필 4자루가 있었습니다. 친구에게 몇 자루를 선물 받아 9자루가 되었습니다. 친구에게 받은 연필의 수를 □로 나타내어 식으로 쓰고 □의 값을 구하시오.

1 선물 받은 연필의 수를 □로 나타내어 덧셈식으로 써 보시오.

4 + □ = 9

2 그림으로 알아보시오.

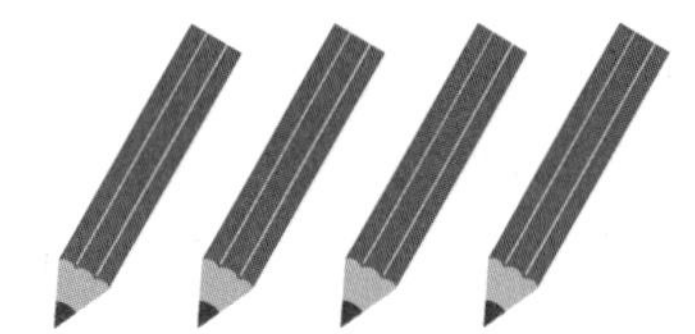

9자루가 되려면 [5] 자루의 연필이 더 필요합니다.

따라서 선물 받은 연필은 [5] 자루입니다.

3 수직선으로 알아보시오.

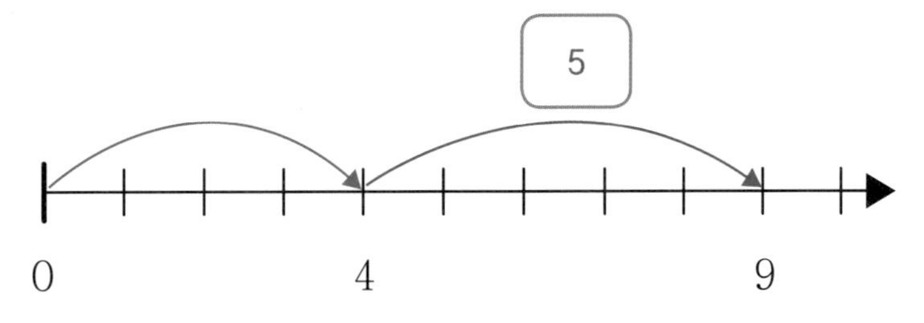

4에서 9까지 가려면 [5] 칸만큼 더 이동해야 합니다.

따라서 선물 받은 연필은 [5] 자루입니다.

4 식을 바꾸어 알아보시오.

4+□=9를 □의 값을 구하기 위해 식을 바꾸면 [9 − 4 = □] 입니다.

그래서 □는 [5] 입니다.

따라서 선물 받은 연필은 [5] 자루입니다.

정리해 볼까요?

4+□=9에서 □의 값을 구하는 방법 설명하기

방법1. 그림으로 알아보기

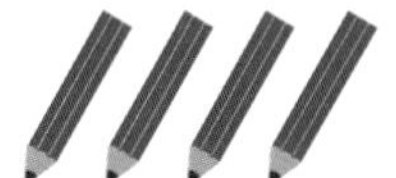

9자루가 되려면 5자루의 연필이 더 필요합니다.

따라서 선물 받은 연필은 5자루입니다.

방법2. 수직선으로 알아보기

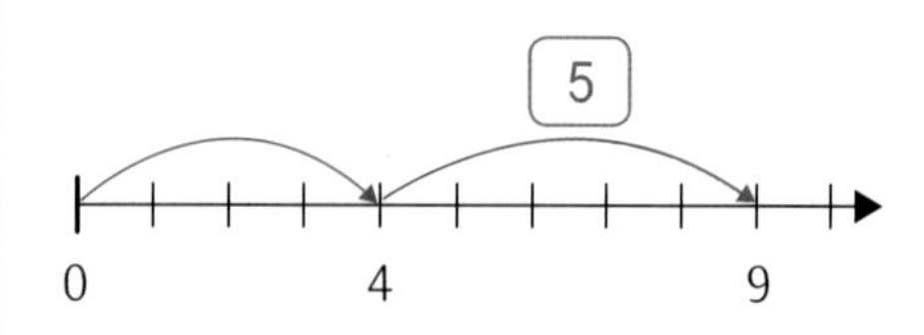

4에서 9까지 가려면 [5] 칸만큼 더 이동해야 합니다.

따라서 선물 받은 연필은 [5] 자루입니다.

방법3. 뺄셈식으로 알아보기

4+□=9를 □의 값을 구하기 위해 식을 바꾸면 [9 − 4 = □] 입니다.

그래서 □는 [5] 입니다.

따라서 선물 받은 연필은 [5] 자루입니다.

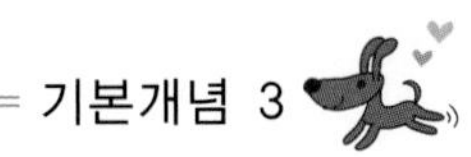

첫걸음 가볍게!

슬비는 가지고 있던 사탕 12개 중에서 친구들에게 몇 개를 나누어 주었더니 4개가 남았습니다.
슬비가 친구들에게 나누어준 사탕의 수를 □로 나타내어 식으로 쓰고 □의 값을 구하시오.

1 친구들에게 나누어준 사탕의 수를 □로 나타내어 뺄셈식으로 써 보시오.

[ ]

2 그림을 그려서 알아보시오.

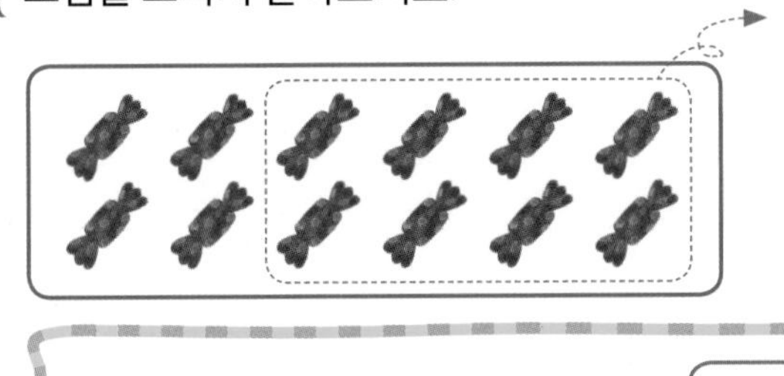

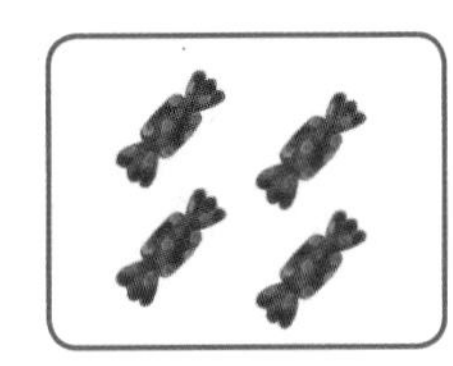

12에서 4가 남도록 덜어내면 □의 값은 [ ] 입니다.

따라서 나누어준 사탕은 [ ] 개입니다.

3 수직선으로 알아보시오.

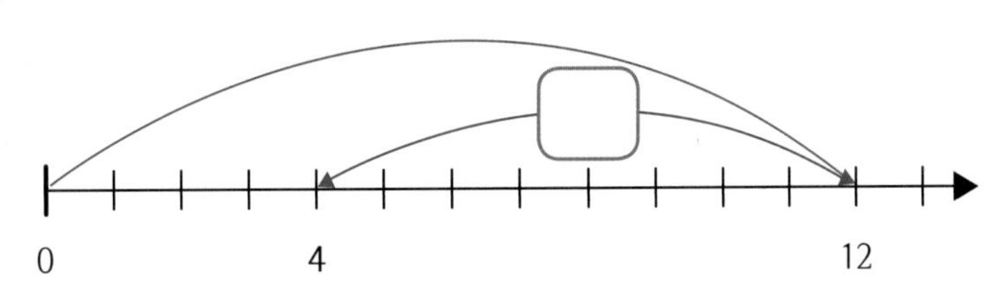

12에서 4까지 가려면 [ ] 만큼 되돌아와야 합니다.

따라서 나누어준 사탕은 [ ] 개입니다.

4 식을 바꾸어 알아보시오.

12 − □ = 4 에서 □의 값을 구하기 위해 식을 바꾸면 12 − 4 = □ 입니다.

그래서 □는 [ ] 입니다.

따라서 나누어준 사탕은 [ ] 개입니다.

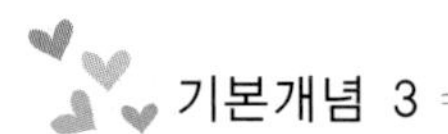

한 걸음 두 걸음!

버스에 승객이 23명 타고 있었습니다. 정류장에서 몇 명의 승객이 내린 뒤 버스 안에 남은 승객은 모두 4명이 되었습니다. 내린 승객의 수를 □로 나타내어 식으로 쓰고 □의 값을 구하시오.

1 내린 승객의 수를 □로 나타내어 식으로 써 보시오.

2 아래 그림에 4명만 남기고 내린 승객의 수를 ○표 하시오.

23에서 4가 남도록 덜어내면 □의 값은 [ ] 입니다.

따라서 내린 승객의 수는 [ ] 명입니다.

3 수직선으로 알아보시오.

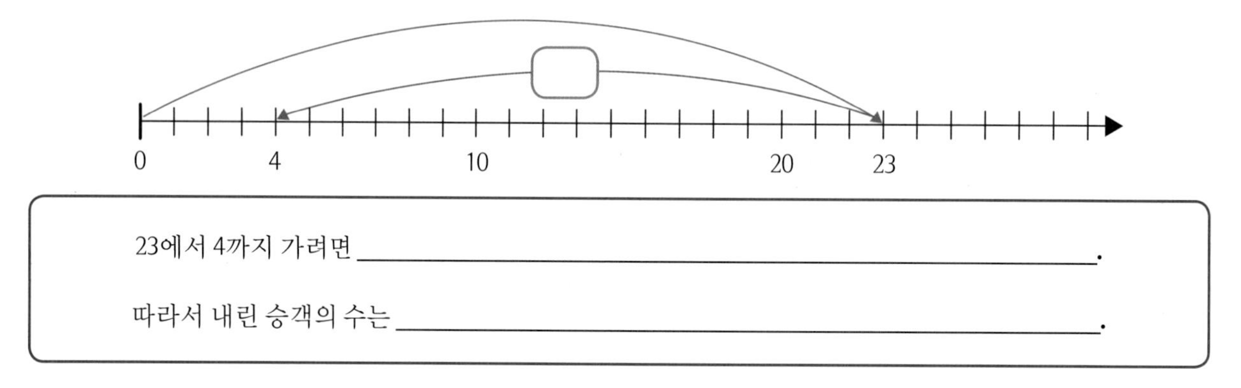

23에서 4까지 가려면 ______________.

따라서 내린 승객의 수는 ______________.

4 식을 바꾸어 알아보시오.

[ ] 에서 □의 값을 구하기 위해 뺄셈식을 바꾸면 [ ] 입니다.

그래서 ______________.

따라서 ______________.

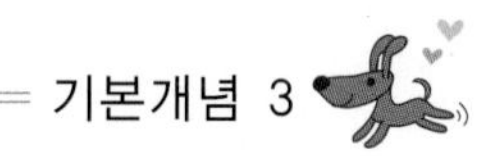

도전! 서술형!

승우는 빨간색 구슬이 18개 있습니다. 친구에게 파란색 구슬을 몇 개 받았더니 구슬이 모두 26개가 되었습니다. 친구에게 받은 파란색 구슬의 수를 □로 나타내어 식으로 쓰고, □의 값을 구하시오.

1 파란 구슬의 수를 □로 나타내어 식으로 써 보시오.

2 파란색 구슬의 수를 ○로 그려 그림으로 알아보시오.

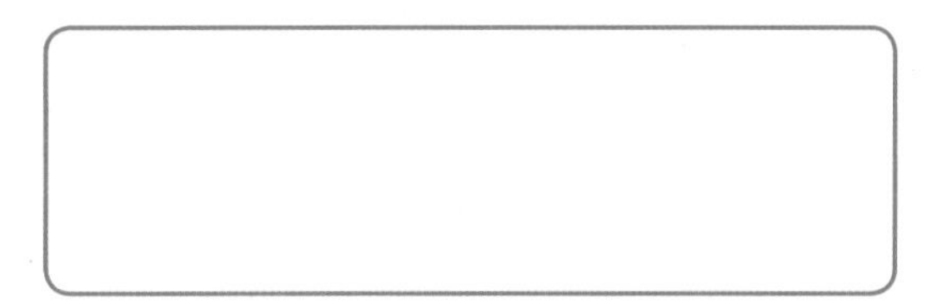

26개의 구슬이 되려면 ______.

따라서 친구에게 받은 구슬의 수는 ______.

3 수직선으로 알아보시오.

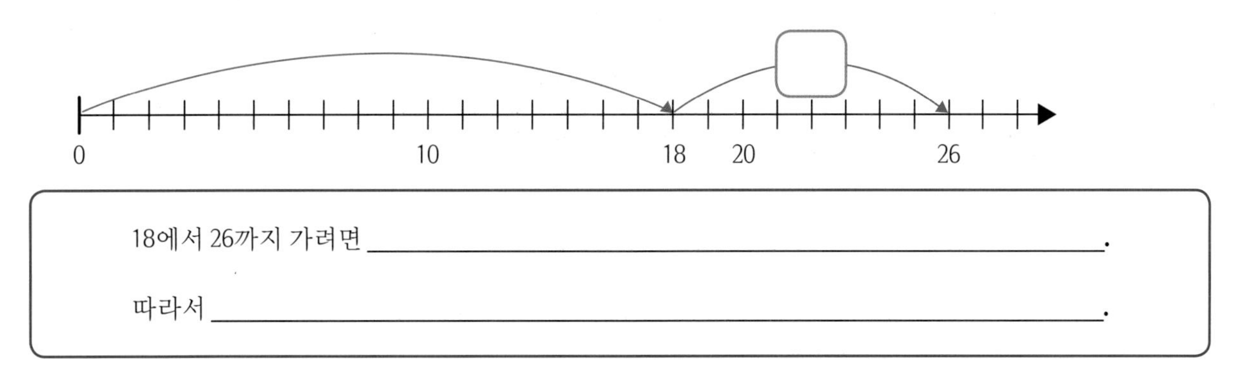

18에서 26까지 가려면 ______.

따라서 ______.

4 식을 바꾸어 알아보시오.

[ ] 에서 □의 값을 구하기 위해 뺄셈식을 바꾸면 [ ] 입니다.

그래서 ______.

따라서 ______.

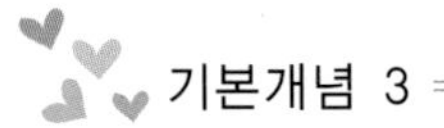

기본개념 3

실전! 서술형!

주말동안 원우는 어머니와 함께 사과농장에서 사과 따기 체험을 했습니다. 원우는 12개의 사과를 땄고, 어머니가 몇 개 더 따서 모두 21개의 사과를 땄습니다. 어머니가 딴 사과의 수는 몇 개인지 구하는 방법을 설명하시오.

따라서 원우 어머니께서 딴 사과의 수는 [ ] 개입니다.

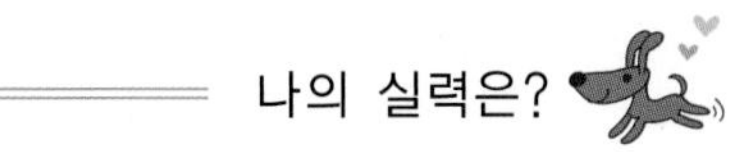

나의 실력은?

1 효진이는 파란색 구슬이 24개, 빨간색 구슬이 19개 있습니다. 효진이가 가진 구슬은 모두 몇 개인지 구하는 식을 쓰고, 방법을 설명하시오.

2 54-28을 2가지 방법으로 구하고 설명하시오.

방법 1

방법 2

3 버스에 승객이 21명 타고 있었습니다. 정류장에서 몇 명의 승객이 내린 뒤 버스 안에 남은 승객은 모두 8명이 되었습니다. 내린 승객의 수를 □로 나타내어 식으로 쓰고 □의 값을 구하시오.

2-1
4. 길이재기

4. 길이재기 (기본개념1)

개념 쏙쏙!

그림책의 짧은 쪽의 길이를 재는 모습입니다. 자를 이용하여 길이를 바르게 재고 있는 것은 어느 것인지 찾고 그 이유를 쓰시오.

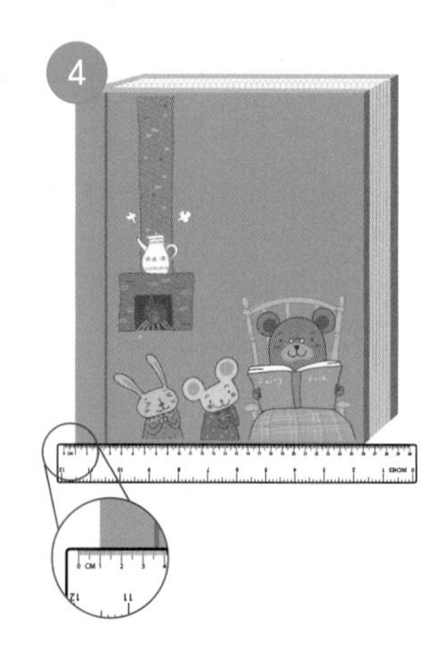

1 길이를 재는 방법을 써봅시다.

① 물건의 한쪽 끝을 [0의 눈금]에 맞춥니다.

② 다른 쪽 끝이 가리키는 [눈금]을 읽습니다.

2 길이를 바르게 재고 있는 것을 찾아봅시다.

길이를 바르게 재고 있는 것은 [③]번입니다.

3 길이를 바르게 재고 있는 것을 찾고 그 이유를 써봅시다.

① 길이를 바르게 재고 있는 것은 [③]번입니다.

그 이유는 물건의 끝을 자의 눈금 0에 맞추어 재었기 때문입니다.

② [①]번, [②]번, [④]번은 물건의 끝을 [0의 눈금]에 맞추어 재지 않았습니다.

정리해 볼까요?

자를 이용하여 바르게 길이 재기

자를 이용하여 바르게 길이를 재는 방법은 물건의 끝을 자의 눈금 0에 맞추어 길이를 재도록 합니다.

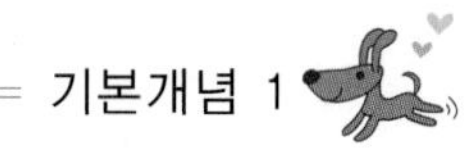

첫걸음 가볍게!

자를 이용하여 길이를 바르게 재고 있는 것은 어느 것인지 찾고 그 이유를 쓰시오.

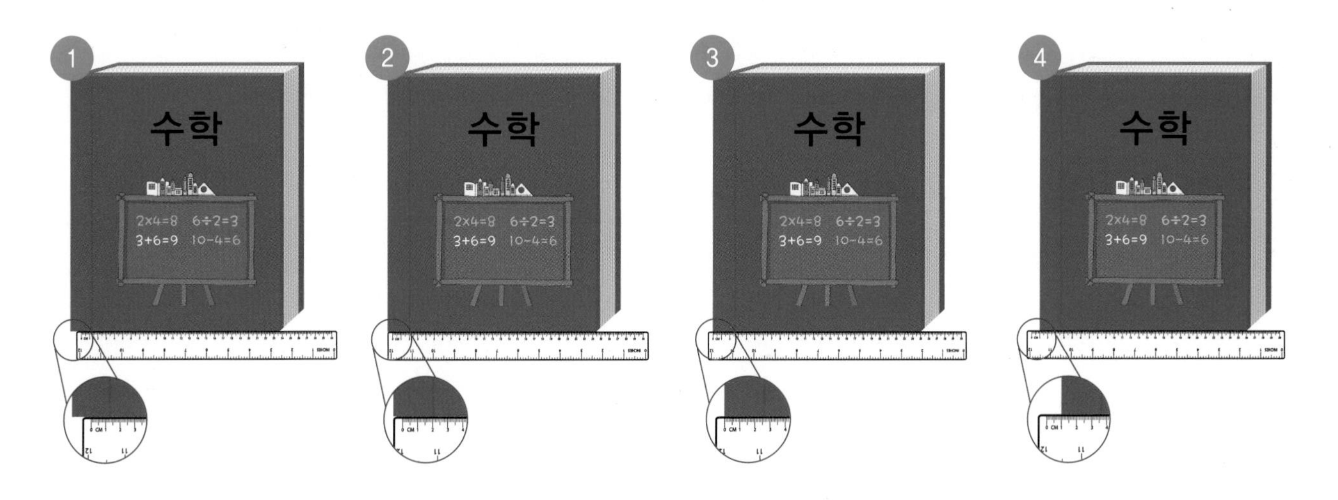

1 자를 이용하여 길이를 재는 방법을 써봅시다.

① 물건의 한쪽 끝을 [　　　　]에 맞춥니다.

② 다른 쪽 끝이 가리키는 [　　　]을 읽습니다.

2 자를 이용하여 길이를 바르게 재고 있는 것을 찾아봅시다.

길이를 바르게 재고 있는 것은 [　]번입니다.

3 자를 이용하여 길이를 바르게 재고 있는 것을 찾고 그 이유를 써봅시다.

자를 이용하여 길이를 바르게 재고 있는 것은 [　]번이고,

그 이유는 ______________________________ 때문입니다.

[　]번, [　]번, [　]번은 ____.

기본개념 1

한 걸음 두 걸음!

자를 이용하여 길이를 바르게 재고 있는 것은 어느 것인지 찾고 그 이유를 쓰시오.

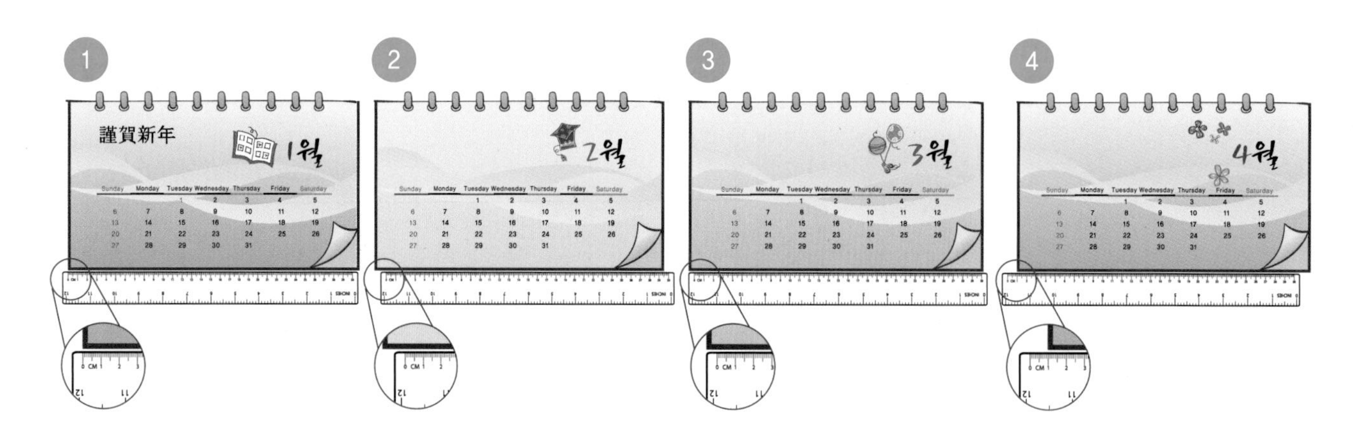

1 자를 이용하여 길이를 재는 방법을 써봅시다.

① 물건의 한쪽 끝을 ________________ 에 맞춥니다.

② 다른 쪽 끝이 가리키는 ______________ 을 읽습니다.

2 자를 이용하여 길이를 바르게 재고 있는 것을 찾아봅시다.

길이를 바르게 재고 있는 것은 ____________ 번입니다.

☐ 번, ☐ 번, ☐ 번은 ____.

3 자를 이용하여 길이를 바르게 재고 있는 것을 찾고 그 이유를 써봅시다.

자를 이용하여 길이를 바르게 재고 있는 것은 ☐ 번이고,

그 이유는 ____________________________________ 때문입니다.

도전! 서술형!

자를 이용하여 길이를 바르게 재고 있는 것은 어느 것인지 찾고 그 이유를 쓰시오.

1 자를 이용하여 길이를 재는 방법을 써봅시다.

2 자를 이용하여 길이를 바르게 재고 있는 것을 찾아봅시다.

3 자를 이용하여 길이를 바르게 재고 있는 것을 찾고 그 이유를 써봅시다.

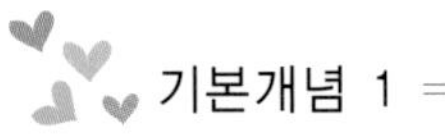

기본개념 1

실전! 서술형!

자를 이용하여 길이를 바르게 재고 있는 것은 어느 것인지 찾고 그 이유를 쓰시오.

4. 길이재기 (기본개념2)

개념 쏙쏙!

그림과 같은 자를 사용하여 색연필의 길이가 얼마인지 구하고 그 과정을 쓰시오.

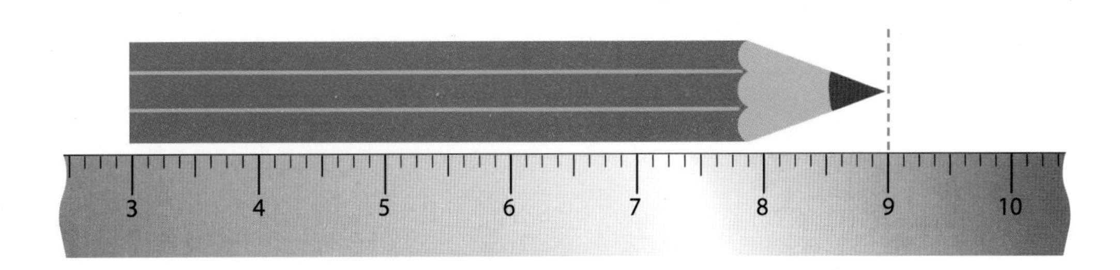

1 색연필 길이를 구하는 방법을 알아봅시다.

① 자에서 숫자와 숫자 사이의 길이는 [1cm] 입니다.

색연필은 [1cm] 로 [6번 만큼] 의 길이입니다.

② 색연필의 끝과 끝이 가리키는 눈금이 각각 [9cm], [3cm] 이므로 그 차는 [6cm] 입니다.

2 색연필의 길이를 구해봅시다.

색연필의 길이는 [6cm] 입니다.

정리해 볼까요?

길이 구하기

자에서 숫자와 숫자 사이의 길이는 [1cm] 이고, 색연필은 [1cm] 로 [6번 만큼] 의 길이입니다.

또 색연필의 끝과 끝이 가리키는 눈금이 각각 [9cm], [3cm] 이므로 그 차를 구하면 [6cm] 가 됩니다.

따라서 색연필의 길이는 [6cm] 입니다.

첫걸음 가볍게!

그림과 같은 자를 사용하여 연필의 길이가 얼마인지 구하고 그 과정을 쓰시오.

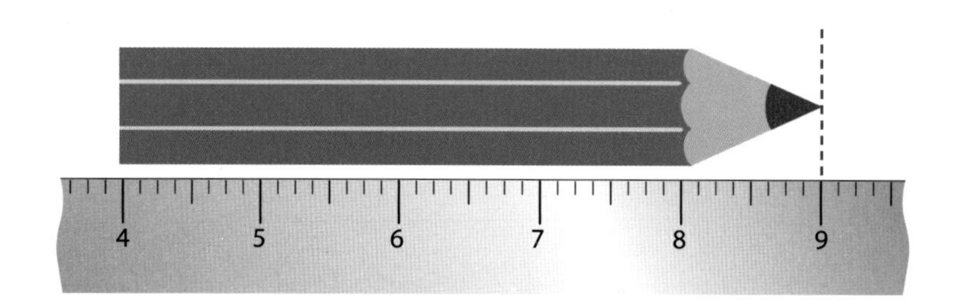

1 연필 길이를 구하는 방법을 알아봅시다.

① 자에서 숫자와 숫자 사이의 길이는 ☐ cm입니다.

연필은 ☐ cm로 ☐ 번만큼의 길이입니다.

② 색연필의 끝과 끝이 가리키는 눈금이 각각 ☐ cm, ☐ cm이므로 그 ☐ 를 구합니다.

2 연필의 길이를 구해봅시다.

연필의 길이는 ☐ cm입니다.

3 그림과 같은 자를 사용하여 연필의 길이가 얼마인지 구하고 그 이유도 써봅시다.

자에서 숫자와 숫자 사이의 길이는 ☐ 이고, 연필은 ☐ cm로 ☐ 번만큼의 길이입니다.

또, 색연필의 끝과 끝이 가리키는 눈금이 각각 ☐ cm, ☐ cm이므로 그 ☐ 를 구하면 ☐ cm가 됩니다. 따라서 연필의 길이는 ☐ cm입니다.

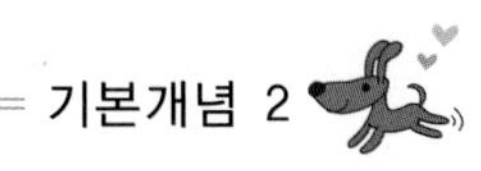

한 걸음 두 걸음!

그림과 같은 자를 사용하여 지우개의 길이가 얼마인지 구하고 그 과정을 쓰시오.

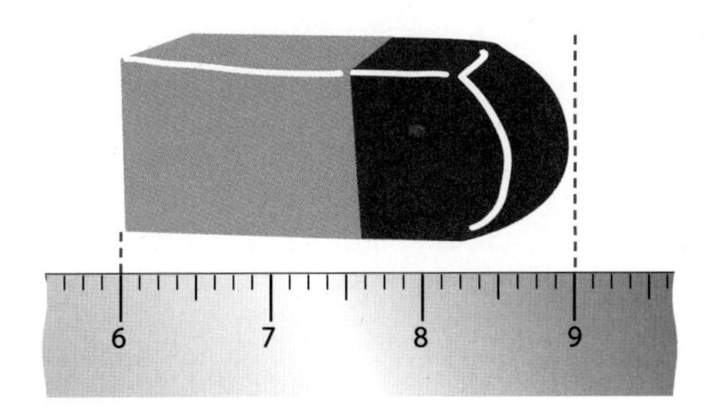

1 지우개 길이를 구하는 방법을 알아봅시다.

① 자에서 ______________________________입니다.

지우개는 ______________________________입니다.

② 지우개의 ______________________________를 구합니다.

2 지우개의 길이를 구해봅시다.

지우개의 길이는 ☐ cm입니다.

3 그림과 같은 자를 사용하여 지우개의 길이가 얼마인지 구하고 그 이유도 써봅시다.

① 자에서 ______________________________

______________________________.

② 또 지우개의 끝과 끝이 가리키는 ______________________________.

③ 따라서 지우개의 길이는 __________입니다.

도전! 서술형!

그림과 같은 자를 사용하여 지우개의 길이가 얼마인지 구하고 그 과정을 쓰시오.

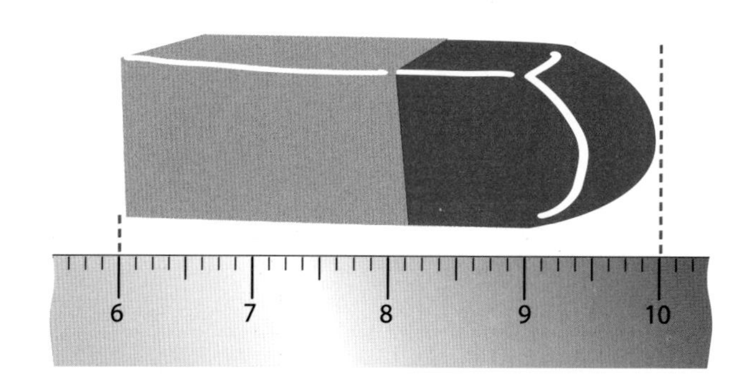

1 지우개 길이를 구하는 방법을 알아봅시다.

① ______________________________

______________________________입니다.

② 지우개의 ______________________________입니다.

2 지우개의 길이를 구해봅시다.

지우개의 길이는 [ ] cm입니다.

3 그림과 같은 자를 사용하여 지우개의 길이가 얼마인지 구하고 그 이유도 써봅시다.

실전! 서술형!

그림과 같은 자를 사용하여 연필의 길이가 얼마인지 구하고 그 과정을 쓰시오.

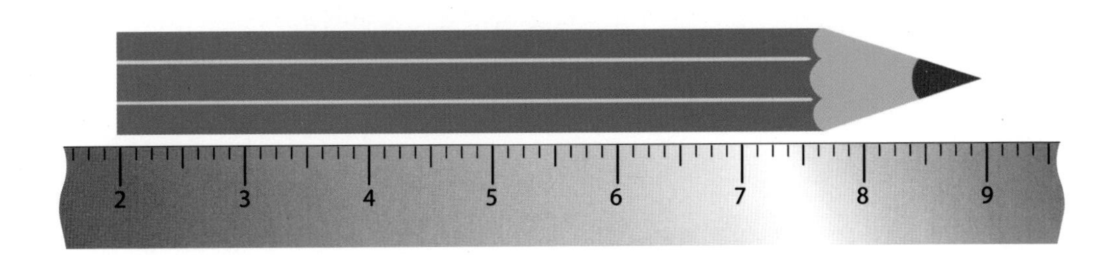

4. 길이재기 (기본개념3)

개념 쏙쏙!

가장 긴 막대와 가장 짧은 막대의 길이를 어림하고 그 과정을 설명하시오.

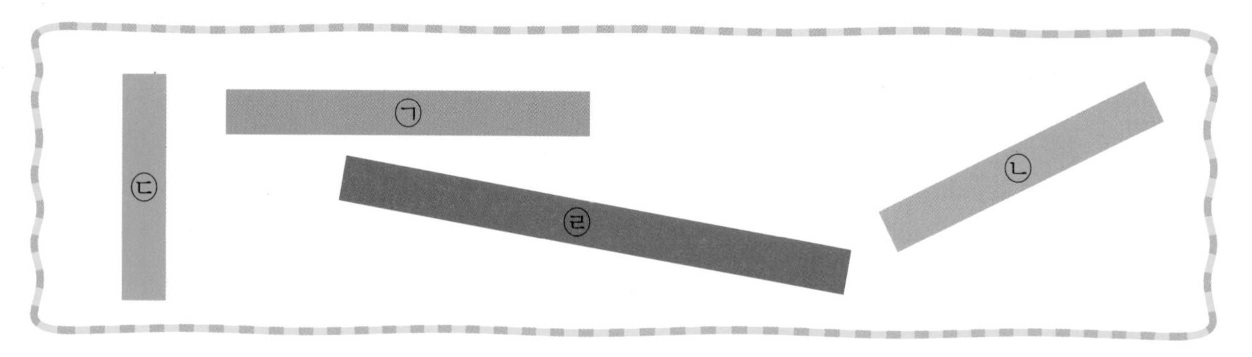

1 가장 긴 막대와 가장 짧은 막대의 길이를 어림하여 봅시다.

	기호	어림한 길이
가장 긴 막대	㉣	약 □cm
가장 짧은 막대	㉢	약 □cm

2 어림한 과정을 설명하여 봅시다.

① 우리 몸에서 약 1cm를 나타내는 것은 엄지손가락 너비입니다.

② 각 막대에 엄지손가락을 옮겨가며 어림을 합니다.

③ 어림한 길이를 말할 때에는 약 □cm라고 말합니다.

④ 막대 ㉠은 나의 엄지손가락 너비로 5번만큼 이므로 약 5cm입니다.

⑤ 막대 ㉡은 나의 엄지손가락 너비로 4번만큼 이므로 약 4cm입니다.

⑥ 막대 ㉢은 나의 엄지손가락 너비로 3번만큼 이므로 약 3cm입니다.

⑦ 막대 ㉣은 나의 엄지손가락 너비로 7번만큼 이므로 약 7cm입니다.

정리해 볼까요?

어림하기

나의 엄지손가락 너비는 약 1cm입니다. 막대㉢은 나의 엄지손가락 너비가 3번만큼이므로 약 3cm이고, 막대㉣는 나의 엄지손가락 너비가 7번만큼이므로 약 7cm이므로 막대㉢ 가장 짧고, 막대㉣이 가장 깁니다.

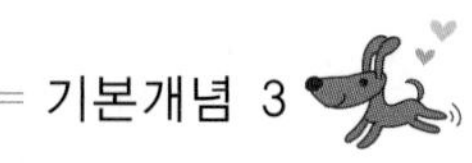

첫걸음 가볍게!

가장 긴 막대와 가장 짧은 막대의 길이를 어림하고 그 과정을 설명하시오.

1 가장 긴 막대와 가장 짧은 막대의 길이를 어림하여 봅시다.

	기호	어림한 길이
가장 긴 막대		약 cm
가장 짧은 막대		약 cm

2 어림한 과정을 설명하여 봅시다.

① 우리 몸에서 약 [ ] 인 것은 [ ] 입니다.

② 각 막대에 엄지손가락을 옮겨가며 어림을 합니다.

③ 어림한 길이를 말할 때에는 [ ] [ ]cm라고 말합니다.

④ 막대 ㉠은 나의 [ ] 너비로 [ ] 개만큼 이므로 [ ] 입니다.

⑤ 막대 ㉡은 나의 [ ] 너비로 [ ] 개만큼 이므로 [ ] 입니다.

⑥ 막대 ㉢은 나의 [ ] 너비로 [ ] 개만큼 이므로 [ ] 입니다.

⑦ 막대 ㉣은 나의 [ ] 너비로 [ ] 개만큼 이므로 [ ] 입니다.

3 가장 긴 막대와 가장 짧은 막대의 길이를 어림하고 그 과정을 설명해봅시다.

나의 엄지손가락 너비는 [ ] 입니다. 막대 [ ] 은 나의 [ ] 로 [ ] 개만큼이므로 [ ] 이고, 막대 [ ] 은 나의 [ ] 로 [ ] 개만큼이므로 [ ] 입니다.

따라서 막대 [ ] 이 가장 길고, 막대 [ ] 이 가장 짧습니다.

한 걸음 두 걸음!

가장 긴 막대와 가장 짧은 막대의 길이를 어림하고 그 과정을 설명하시오.

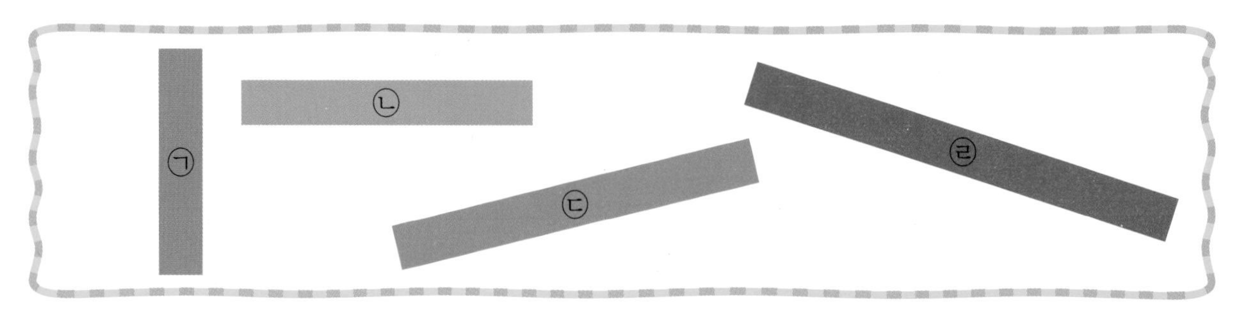

1 가장 긴 막대와 가장 짧은 막대의 길이를 어림하여 봅시다.

	기호	어림한 길이
가장 긴 막대		약 cm
가장 짧은 막대		약 cm

2 어림한 과정을 설명하여 봅시다.

① 우리 몸에서 ________________.

② 각 막대에 엄지손가락을 옮겨가며 어림을 합니다.

③ 어림한 길이를 말할 때에는 ☐ ☐cm라고 말합니다.

④ 막대 ㉠은 ________________입니다.

⑤ 막대 ㉡은 ________________입니다.

⑥ 막대 ㉢은 ________________입니다.

⑦ 막대 ㉣은 ________________입니다.

3 가장 긴 막대와 가장 짧은 막대의 길이를 어림하고 그 과정을 설명해봅시다.

나의 ________________입니다.

막대 ☐은 ________________입니다.

막대 ☐은 ________________입니다.

따라서 ________________.

도전! 서술형!

가장 긴 막대와 가장 짧은 막대의 길이를 어림하고 그 과정을 설명하시오.

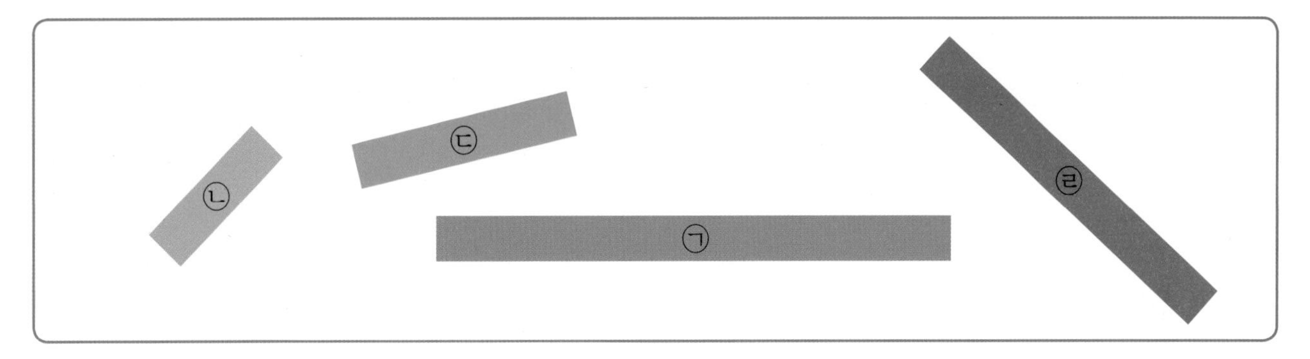

1 가장 긴 막대와 가장 짧은 막대의 길이를 어림하여 봅시다.

	기호	어림한 길이
가장 긴 막대		약 cm
가장 짧은 막대		약 cm

2 어림한 과정을 설명하여 봅시다.

3 가장 긴 막대와 가장 짧은 막대의 길이를 어림하고 그 과정을 설명해봅시다.

기본개념 3

실전! 서술형!

가장 긴 막대와 가장 짧은 막대의 길이를 어림하고 그 과정을 설명하시오.

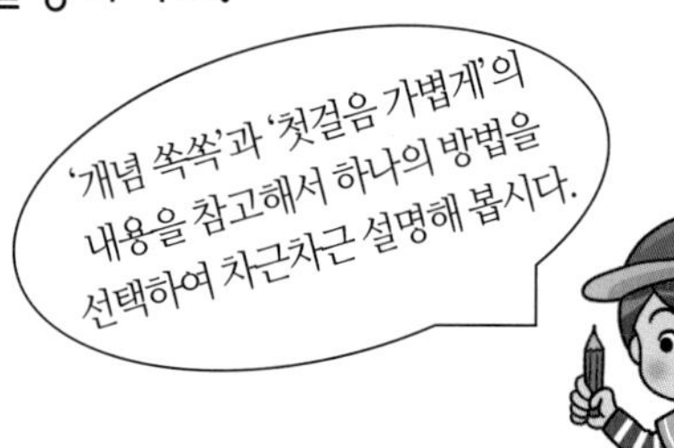

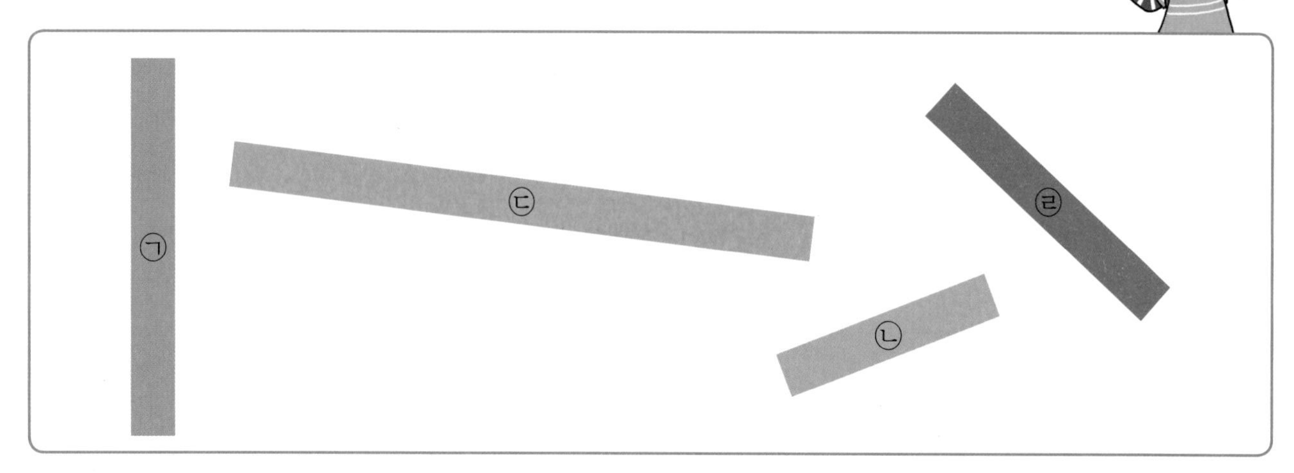

Jumping Up! 창의성!

 길이에 담긴 재미있는 이야기들

이야기 하나

옛날 서양에서는 길이를 잴 때 사람의 발을 이용했답니다. 하지만 사람의 발의 길이가 모두 달라서 잰 값도 모두 달랐지요. 그러자 영국의 왕 헨리 1세는 이렇게 말했답니다.

"내 발 길이를 1피트로 정해서 모든 사람이 똑같은 단위로 길이를 잴 수 있게 하라."

1피트는 약 30센티미터랍니다. 미국에서는 지금도 미터보다 피트를 많이 사용한답니다.

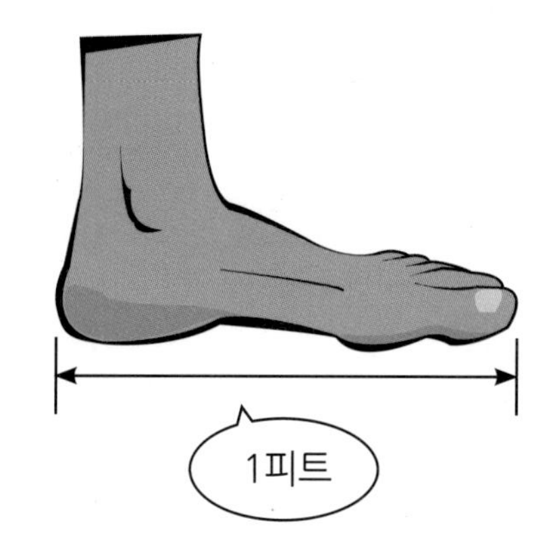

이야기 둘

우리 속담 속에도 길이의 단위가 담긴 것이 있답니다. '내 코가 석 자다.'라는 속담을 들어본 적이 있나요? 이 속담은 자신의 처지가 어렵기 때문에 다른 사람을 도와 줄 수 없다는 뜻이에요. 여기에 쓰인 '자'는 길이를 나타내는 단위랍니다. '한 자'는 지금으로 치면 약 30센티미터에 해당한답니다.

나의 실력은?

1 색종이의 길이를 재는 모습입니다. 자를 이용하여 길이를 바르게 재고 있는 것은 어느 것인지 찾고 그 이유를 쓰시오.

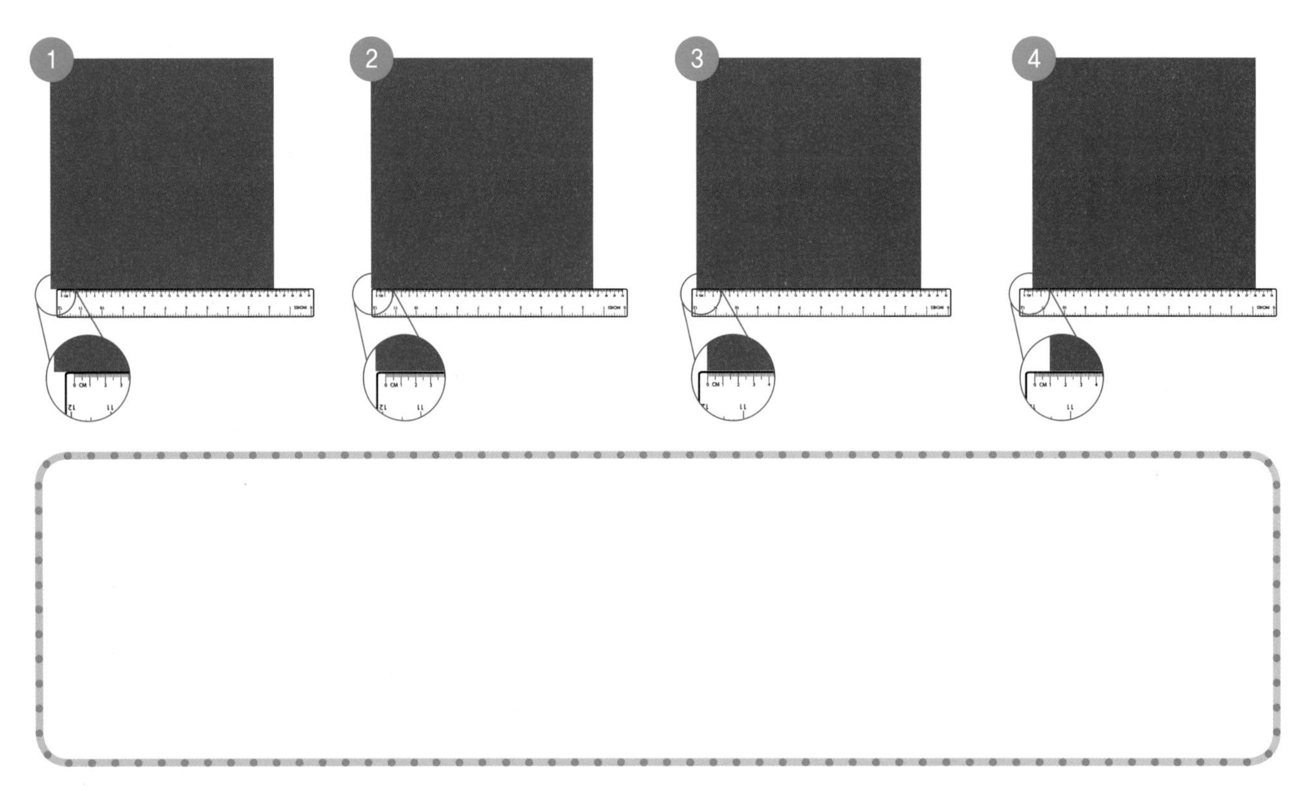

2 그림과 같은 자를 사용하여 연필의 길이가 얼마인지 구하고 그 이유도 쓰시오.

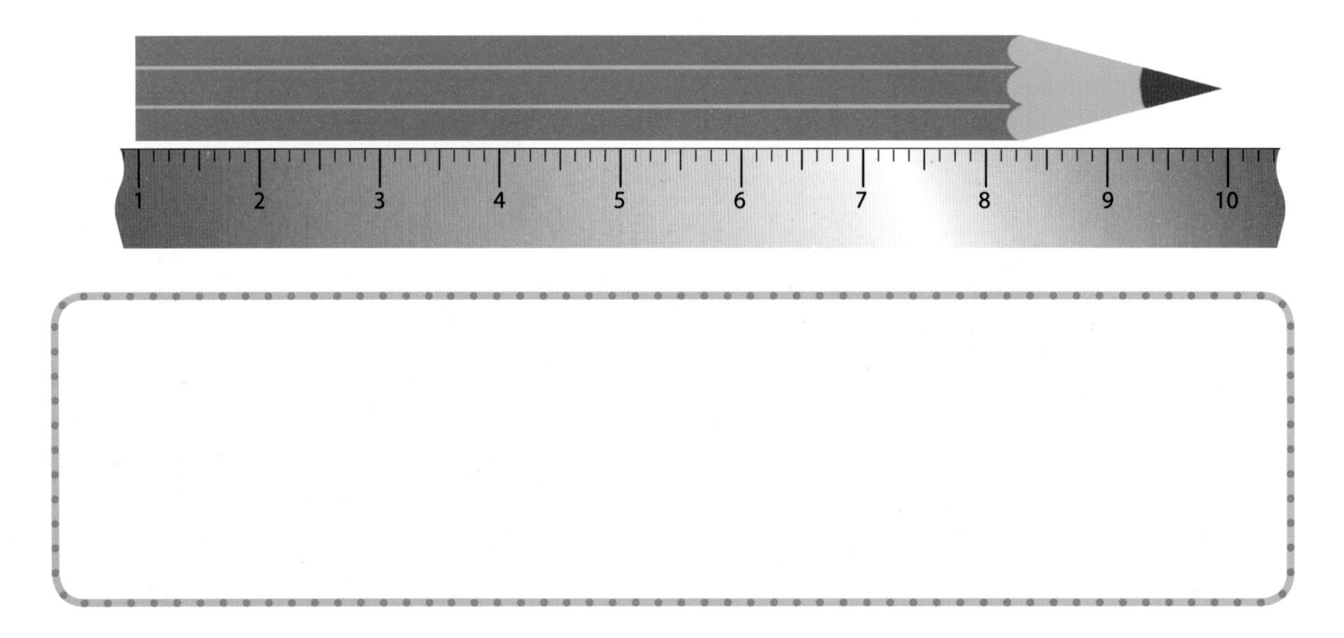

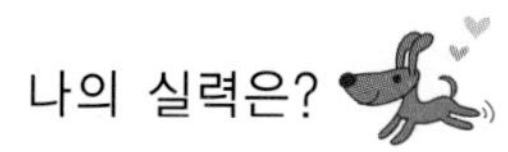

3 가장 긴 막대와 가장 짧은 막대의 길이를 어림하고 그 과정을 설명하시오.

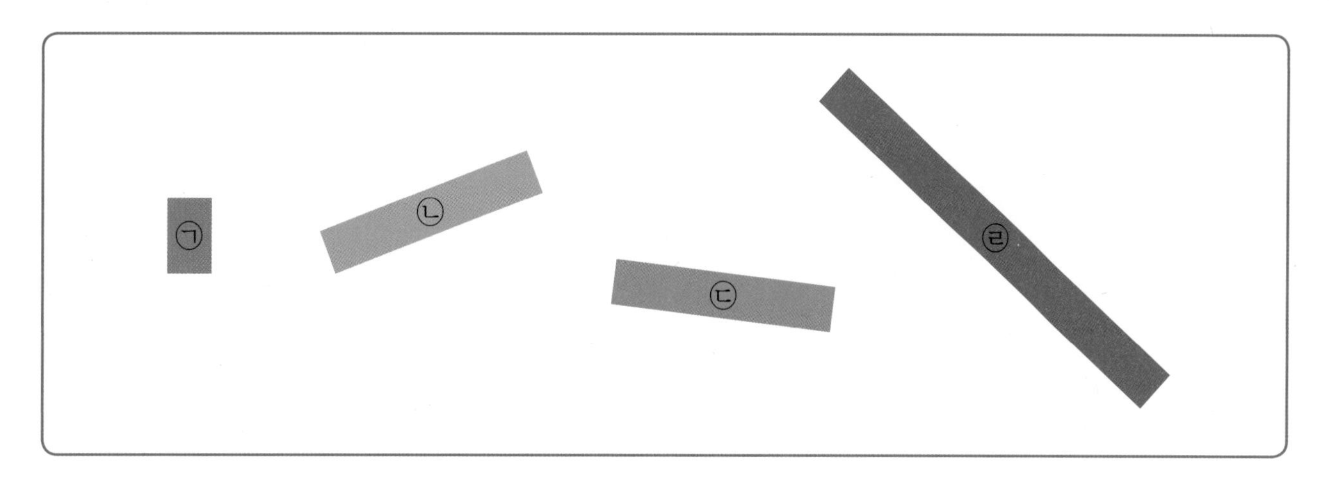

2-1

5. 분류하기

5. 분류하기 (기본개념1)

개념 쏙쏙!

여러 이동 수단을 기준에 따라 분류하시오.

1 이동 수단을 분류할 수 있는 기준을 알아봅시다.

이동 수단은 바퀴의 수, 쓰임새, 움직이는 방법 등으로 분류할 수 있습니다.

2 움직이는 방법을 기준을 정하여 분류하여 봅시다.

① 움직이는 방법 에 따라 이동 수단을 분류할 수 있습니다.

② 움직이는 방법에 따라 사람의 힘으로 움직이는 것과 기계의 힘으로 움직이는 것으로 나눌 수 있습니다.

③ 사람의 힘으로 움직이는 것은 손수레, 자전거, 유모차가 있습니다.

④ 기계의 힘으로 움직이는 것은 버스, 트럭, 오토바이, 스포츠카가 있습니다.

정리해 볼까요?

기준에 따라 분류하기

이동 수단을 움직이는 방법에 따라 사람의 힘으로 움직이는 것과 기계의 힘으로 움직이는 것으로 나눌 수 있습니다. 사람의 힘으로 움직이는 것은 손수레, 자전거, 유모차가 있습니다. 기계의 힘으로 움직이는 것은 버스, 트럭, 오토바이, 스포츠카가 있습니다.

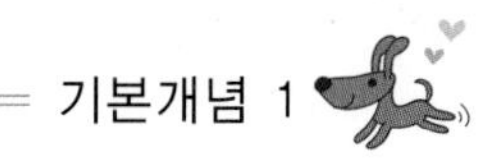

첫걸음 가볍게!

여러 이동 수단을 기준에 따라 분류하시오.

1 이동 수단을 분류할 수 있는 기준을 알아봅시다.

이동 수단은 ☐, ☐, ☐ 등으로 분류할 수 있습니다.

2 바퀴의 수를 기준으로 정하여 분류하여 봅시다.

① 바퀴의 수에 따라 이동 수단을 분류할 수 있습니다.

② ☐에 따라 이동 수단을 분류하면 바퀴가 ☐개, ☐개인 것으로 나눌 수 있습니다.

③ 바퀴가 2개인 것은 ☐, ☐입니다.

④ 바퀴가 4개인 것은 ☐, ☐, ☐, ☐, ☐입니다.

3 여러 이동 수단을 기준에 따라 분류해봅시다.

이동수단을 ☐에 따라 분류하면 바퀴가 2개인 것은 ☐, ☐이고,

바퀴가 4개인 것은 ☐, ☐, ☐, ☐, ☐

으로 나눌 수 있습니다.

기본개념 1

한 걸음 두 걸음!

여러 이동 수단을 기준에 따라 분류하시오.

1 이동 수단을 분류할 수 있는 기준을 알아봅시다.

이동 수단은 ______________________________ 등으로 분류할 수 있습니다.

2 [쓰임새]를 기준으로 정하여 분류하여 봅시다.

① __________에 따라 이동 수단을 분류할 수 있습니다.

② __________에 따라 이동 수단을 분류하면 __________, __________ 것으로 나눌 수 있습니다.

③ ____.

④ ____.

3 위에 있는 여러 이동 수단을 기준에 따라 분류해봅시다.

이동수단을 ______________________________으로 분류할 수 있습니다.

__________에 따라 분류하면 이동수단은 __________, __________으로 나눌 수 있습니다.

이동수단을 쓰임새에 따라 나누면 ______________________________.

____.

도전! 서술형!

악기들을 기준을 정해 분류하시오.

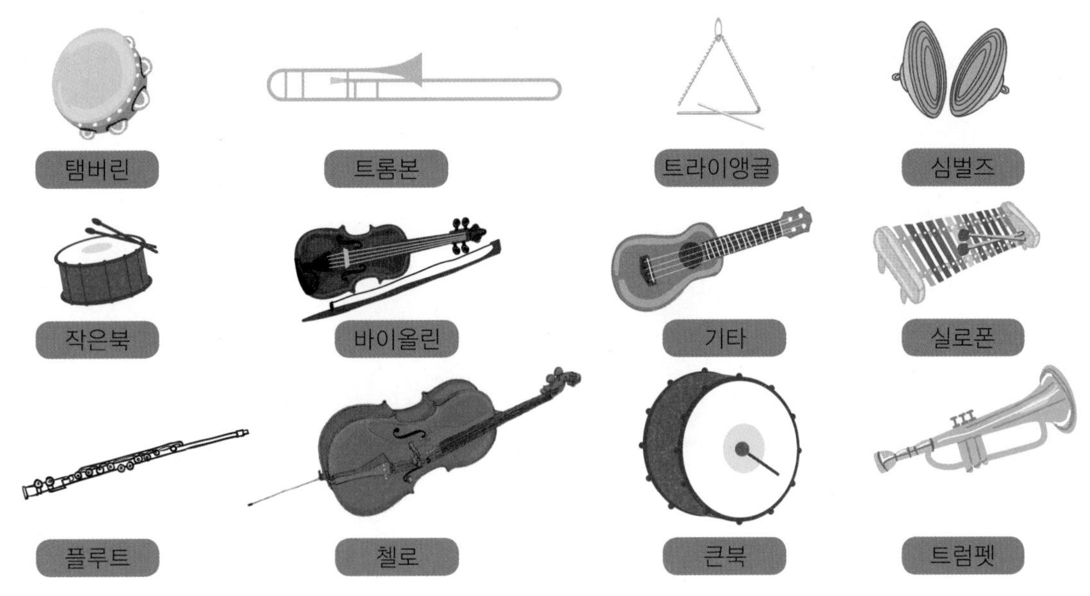

1 악기들을 분류할 수 있는 기준을 정해봅시다.

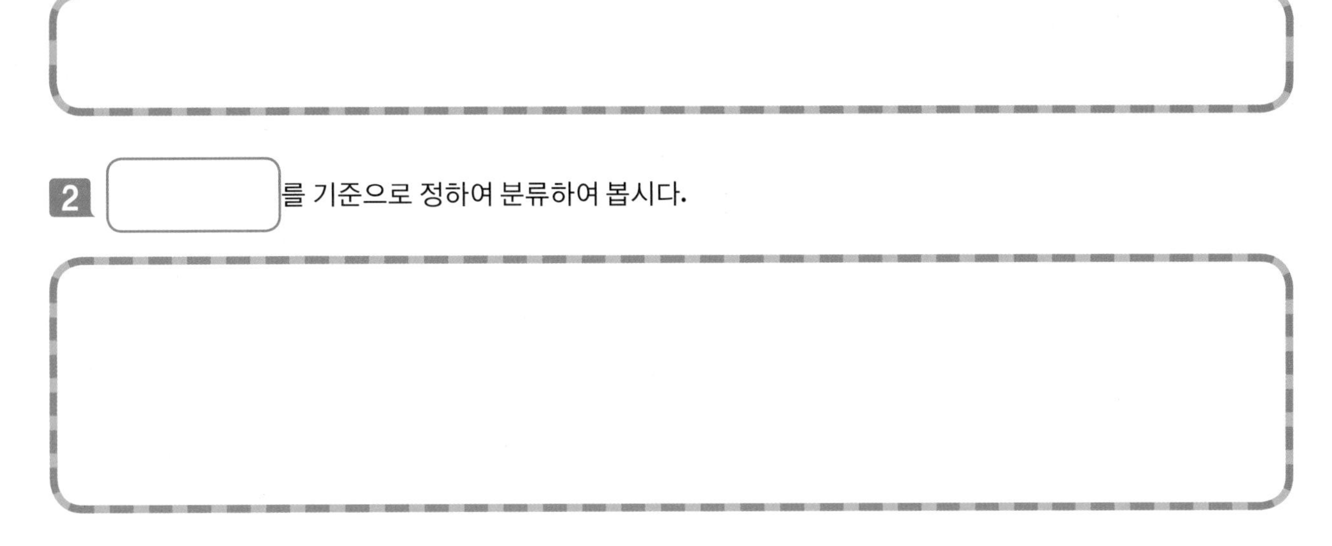

2 [　　　　] 를 기준으로 정하여 분류하여 봅시다.

3 악기들을 정한 기준에 따라 분류하여 봅시다.

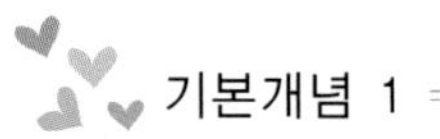

실전! 서술형!

다음 동물들을 기준에 따라 분류하시오.

5. 분류하기 (기본개념2)

개념 쏙쏙!

그림의 단추를 기준에 따라 분류하여 세어보고 그 과정을 설명하시오.

1 여러 가지 종류의 단추를 분류할 기준을 찾아봅시다.

① 단추는 [모양]에 따라 분류할 수 있습니다.

② 단추는 [색깔]에 따라 분류할 수 있습니다.

2 여러 가지 종류의 단추를 기준에 따라 분류하고 그 수를 세어 봅시다.

① 모양에 따라 분류하고 그 수를 세어 봅시다.

모양	○	□	♡
수	8	4	3

② 색깔에 따라 분류하고 그 수를 세어 봅시다.

색깔	빨강	파랑	노랑
수	5	7	3

정리해 볼까요?

분류하여 세어보기

여러 가지 종류의 단추를 모양에 따라 분류하고 세어 보면 동그라미 모양은 8개, 네모 모양은 4개, 하트 모양은 3개입니다. 색깔에 따라 분류하고 그 수를 세어보면 빨강 단추는 5개, 파랑 단추는 7개, 노랑 단추는 3개입니다.

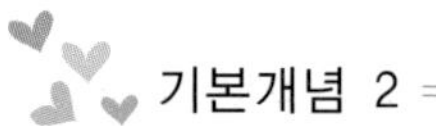

첫걸음 가볍게!

그림의 우산을 기준에 따라 분류하여 세어보고 그 과정을 설명하시오.

1 그림의 우산을 분류할 기준을 찾아봅시다.

우산을 [ ]에 따라 분류할 수 있습니다.

2 우산을 기준에 따라 분류하고 그 수를 세어 봅시다.

[ ]에 따라 분류하고 그 수를 세어 봅시다.

[ ]	빨강	노랑	파랑
수			

3 우산을 기준에 따라 분류하여 세어보고 그 과정을 설명해 봅시다.

우산을 [ ]에 따라 분류하고 그 수를 세어 보면 [ ] 우산은 [ ]개, [ ] 우산은 [ ]개, [ ] 우산은 [ ]개입니다.

한 걸음 두 걸음!

그림의 이동수단을 기준에 따라 분류하여 세어보고 그 과정을 설명하시오.

1 그림의 이동수단을 분류할 기준을 찾아봅시다.

이동수단을 [　　　　　　　　] 에 따라 분류할 수 있습니다.

2 이동수단을 기준에 따라 분류하고 그 수를 세어 봅시다.

[　　　　] 에 따라 분류하고 그 수를 세어 봅시다.

[　　　]		
수		

3 이동수단을 기준에 따라 분류하여 세어보고 그 과정을 설명해 봅시다.

이동수단을 ______________________________

____

______________________________입니다.

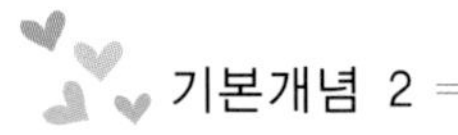

도전! 서술형!

그림의 모양을 기준에 따라 분류하여 세어보고 그 과정을 설명하시오.

1 그림의 모양을 분류할 기준을 찾아봅시다.

2 그림의 모양을 기준에 따라 분류하고 그 수를 세어 봅시다.

3 그림의 모양을 기준에 따라 분류하여 세어보고 그 과정을 설명해 봅시다.

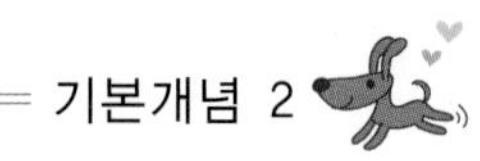

실전! 서술형!

그림 속 물건들을 기준에 따라 분류하여 세어보고 그 과정을 설명하시오.

5. 분류하기 (기본개념3)

개념 쏙쏙!

가족과 함께 물건을 사러 왔습니다. 물건을 편리하게 살 수 있는 방법을 설명하시오.

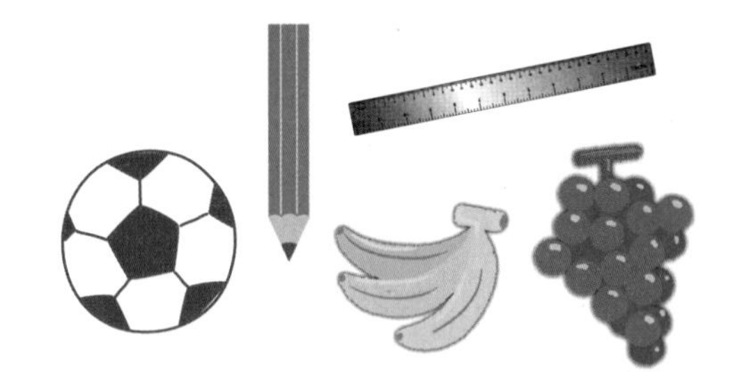

층별 안내도	
3층	전자제품, 문구
2층	의류, 운동용품
1층	생선, 채소, 과일, 계산대
지하1층	주차장

1 각 층에서 살 수 있는 물건을 써봅시다.

층	층별 안내	살 수 있는 물건
3층	전자제품, 문구	**연필, 자**
2층	의류, 운동용품	**축구공**
1층	생선, 채소, 과일, 계산대	**바나나, 포도**

2 물건을 편리하게 살 수 있는 방법을 알아봅시다.

① 물건들은 대부분 **종류별로 분류해서** 팔고 있으므로 과일은 과일끼리, 문구는 문구끼리, 운동용품은 운동용품끼리 묶어 사는 것이 편리합니다.

② 3층에서 먼저 연필과 자를 삽니다.

③ 2층에서 축구공을 삽니다.

④ 1층에서 바나나, 포도를 사고 계산대로 가서 계산을 합니다.

정리해 볼까요?

분류한 결과 이야기하기

물건들은 대부분 종류별로 분류해서 팔고 있으므로 과일은 과일끼리, 문구는 문구끼리, 운동 용품은 운동 용품끼리 묶어 사는 것이 편리합니다. 먼저 3층에서 연필과 자를 사고 2층에서 축구공을 삽니다. 1층에서 바나나, 포도를 사고 계산대로 가서 계산을 합니다.

첫걸음 가볍게!

가족과 함께 물건을 사러 왔습니다. 물건을 편리하게 살 수 있는 방법을 설명하시오.

필요한 물건

층별 안내도	
3층	전자제품, 문구
2층	의류, 운동용품
1층	생선, 채소, 과일, 계산대
지하1층	주차장

1 각 층에서 살 수 있는 물건을 써봅시다.

층	층별 안내	살 수 있는 물건
3층	전자제품, 문구	☐, ☐
2층	의류, 운동용품	☐, ☐
1층	생선, 채소, 과일, 계산대	☐, ☐

2 물건을 편리하게 살 수 있는 방법을 알아봅시다.

① 물건들은 대부분 종류별로 ☐해서 팔고 있으므로 ☐는 ☐끼리, ☐는 ☐끼리, ☐은 ☐끼리 묶어 사는 것이 편리합니다.

② 3층에서 먼저 ☐과 ☐를 삽니다.

③ 2층에서 ☐과 ☐를 삽니다.

④ 1층에서 ☐, ☐를 사고 계산대로 가서 계산을 합니다.

한 걸음 두 걸음!

가족과 함께 물건을 사러 왔습니다. 물건을 편리하게 살 수 있는 방법을 설명하시오.

층별 안내도	
3층	전자제품, 문구
2층	의류, 운동용품
1층	생선, 채소, 과일, 계산대
지하1층	주차장

1 각 층에서 살 수 있는 물건을 써봅시다.

층	층별 안내	살 수 있는 물건
3층	전자제품, 문구	
2층	의류, 운동용품	
1층	생선, 채소, 과일, 계산대	

2 물건을 편리하게 살 수 있는 방법을 알아봅시다.

① 물건들은 대부분 ______________________________

______________________________.

② 3층에서 ______________________________.

③ 2층에서 ______________________________.

④ 1층에서 ______________________________.

도전! 서술형!

가족과 함께 물건을 사러 왔습니다. 물건을 편리하게 살 수 있는 방법을 설명하시오.

필요한 물건

층별 안내도	
3층	전자제품, 문구
2층	의류, 운동용품
1층	생선, 채소, 과일, 계산대
지하1층	주차장

1 각 층에서 살 수 있는 물건을 써봅시다.

층	층별 안내	살 수 있는 물건
3층	전자제품, 문구	
2층	의류, 운동용품	
1층	생선, 채소, 과일, 계산대	

2 물건을 편리하게 살 수 있는 방법을 알아봅시다.

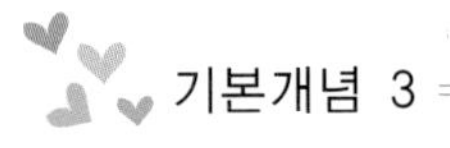

실전! 서술형!

가족과 함께 물건을 사러 왔습니다. 물건을 편리하게 살 수 있는 방법을 설명하시오.

필요한 물건

층별 안내도	
3층	전자제품, 문구
2층	의류, 운동용품
1층	생선, 채소, 과일, 계산대
지하1층	주차장

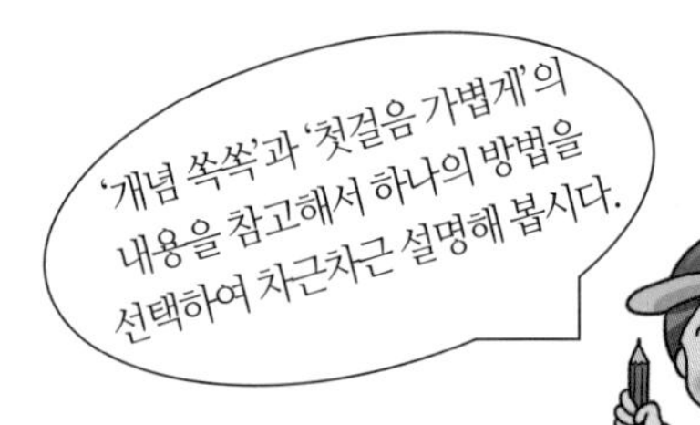

Jumping Up! 창의성!

생활 속 분류이야기

다음의 그림카드를 기준에 따라 나누어 봅시다.

〈분류기준〉 :

어떤 기준으로 분류를 하였나요? 혹시 악기와 그렇지 않은 것으로 나누었나요? 그럼 악기는 입으로 부는 악기와 그렇지 않은 악기로 나눌 수 있고 음식은 마시는 것과 마시지 않은 것으로도 나눌 수 있습니다. 우리는 무언가를 나눌 때 그 사물이 가지는 일반적인 특징으로 합니다. 하지만 어떤 사물의 특징이라는 것은 한 가지로 말하기 어려운 경우가 많기 때문에 상황에 따라 다르게 적용되기도 합니다. 사물을 공통으로 가진 특성에 따라 나누는 것을 '분류'라고 합니다. 분류를 우리 생활에서는 어디서 볼 수 있을까요?

신문에서 정치면, 경제면, 교육면으로 나누어 기사가 있는 것도 분류입니다. 또한 백화점은 남성복, 여성복, 식품 코너로 나누어져 있는 것, 마트는 과자류, 양념류, 생선류 등으로 구분되어 있는 것도 그 예입니다. 도서관에서는 책을 분류하기 위하여 <한국십진분류표>를 이용합니다.

〈한국십진분류법〉 예시

총류 000	010 도서학, 서지학
	020 문헌정보학
	030 백과사전
	040 강연집, 수필집, 연설문집
	050 일반 연속 간행물
	060 일반 학회지, 협회 기관지
	070 신문, 저널리즘
	080 일반 전집
	090 향토자료

총류 000	710 한국어
	720 중국어
	730 일본어
	740 영어
	750 독일어
	760 프랑스어
	770 스페인어 및 포르투갈어
	780 이탈리아어
	790 기타제어

도서기호 맨 처음 보이는 세 자릿수는 다음과 같은 의미를 가집니다. 각 책장에는 앞 자리가 같은 책이 모여 차례로 있는 것이지요. 맨 앞자리 숫자는 0부터 9까지 10개로 크게 나뉘어 있고 그 뒤의 세부 분류도 다시 10종류로 나누어져 있습니다. 이렇게 책을 나누는 방법은 1876년 미국의 듀이가 개발하여 듀이십진분류법이라고 부르고 우리나라는 이를 조금 바꾸어 '한국십진분류법'을 사용하고 있답니다.

나의 실력은?

1 다음 과일들을 기준에 따라 분류하시오.

2 그림의 동물들을 기준에 따라 분류하여 세어보고 그 과정을 설명하시오.

3 가족과 함께 물건을 사러 왔습니다. 물건을 편리하게 살 수 있는 방법을 설명하시오.

필요한 물건

층별 안내도	
3층	전자제품, 문구
2층	의류, 운동용품
1층	생선, 채소, 과일, 계산대
지하1층	주차장

2-1
6. 곱셈

6. 곱셈 (기본개념1)

개념 쏙쏙!

빵은 모두 몇 개인지 알아보고 그 방법을 설명하시오.

1 빵이 모두 몇 개인지 세어 봅시다.

① 하나씩 세어 보니 빵은 모두 8개입니다.

② 빵은 '2, 4, 6, 8'과 같이 2씩 묶어 세었더니 모두 8개입니다.

③ 빵은 '4, 8'과 같이 4씩 묶어 세었더니 모두 8개입니다.

2 빵이 모두 몇 개인지 수직선에서 알아봅시다.

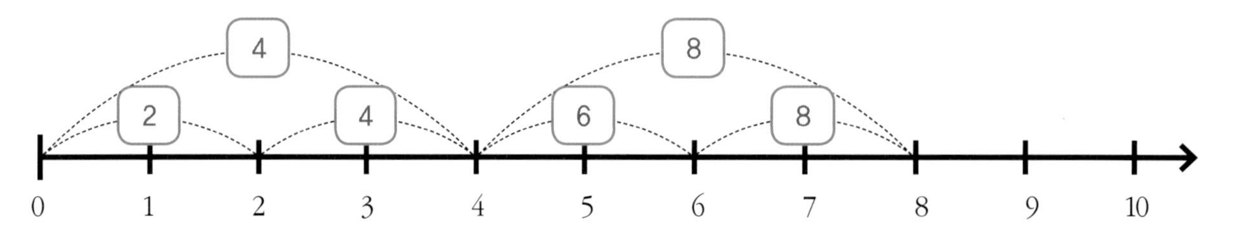

① 빵은 '2, 4, 6, 8'과 같이 2씩 뛰어 세었더니 모두 8개입니다.

② 빵은 '4, 8'과 같이 4씩 뛰어 세었더니 모두 8개입니다.

정리해 볼까요?

여러 가지 방법으로 세는 방법 설명하기

① 빵은 하나씩 세어보니 8개입니다.
② 빵은 '2, 4, 6, 8'과 같이 2씩 묶어 세어보니 8개입니다.
③ 빵은 2씩 뛰어 세어 8개입니다.
④ 빵은 '4, 8'과 같이 묶어 세어보니 8개입니다.
⑤ 빵은 4씩 뛰어 세어보니 8개입니다.

첫걸음 가볍게!

우유가 모두 몇 개인지 알아보고 그 방법을 설명하시오.

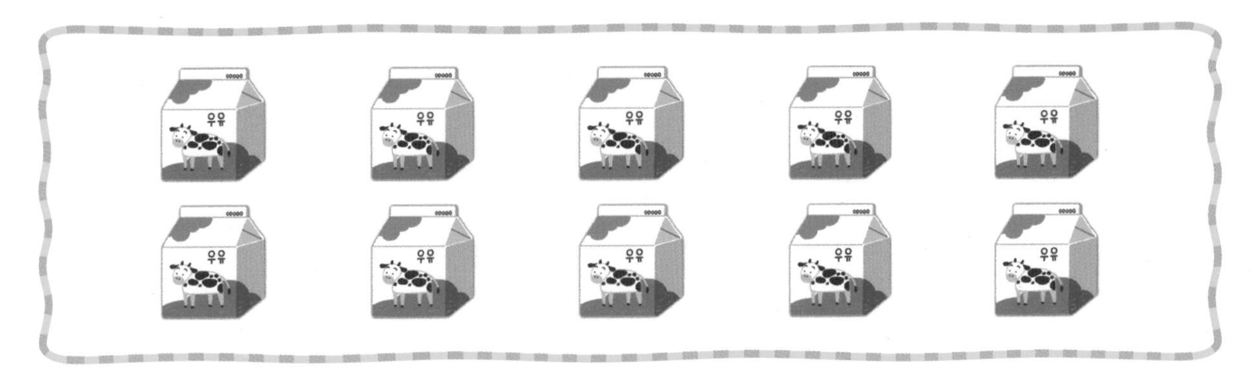

1 우유가 모두 몇 개인지 세어 봅시다.

① ☐ 세어 보니 우유는 모두 ☐ 개입니다.

② '☐, ☐, ☐, ☐, ☐'과 같이 2 씩 묶어 세어 보니 우유는 모두 ☐ 개입니다.

③ ☐, ☐ 과 같이 5 씩 묶어 세어 보니 우유는 모두 ☐ 개입니다.

2 우유가 모두 몇 개인지 수직선에서 알아봅시다.

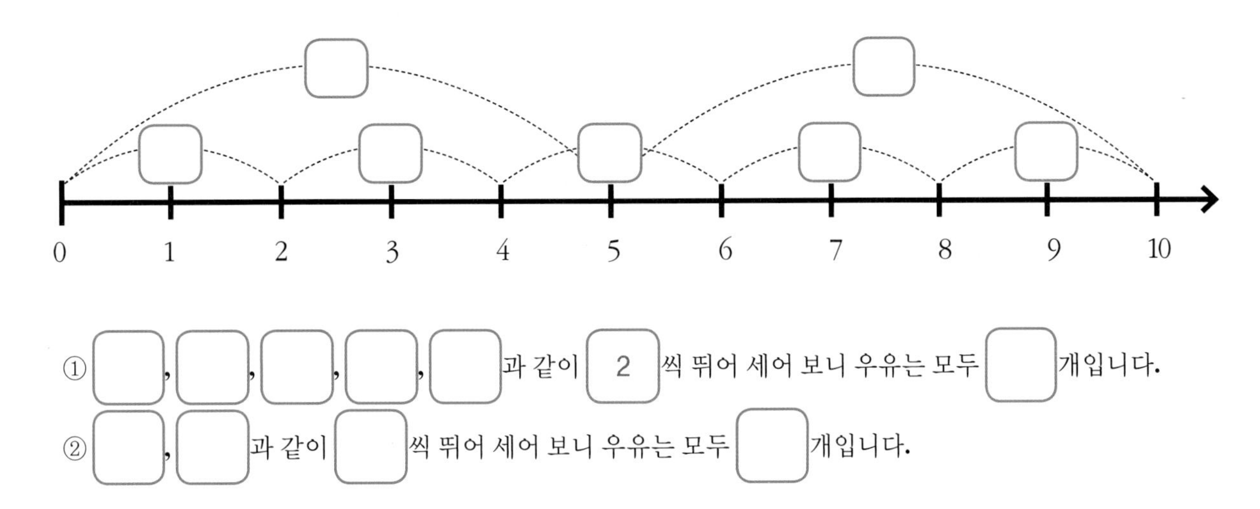

① ☐, ☐, ☐, ☐, ☐ 과 같이 2 씩 뛰어 세어 보니 우유는 모두 ☐ 개입니다.

② ☐, ☐ 과 같이 ☐ 씩 뛰어 세어 보니 우유는 모두 ☐ 개입니다.

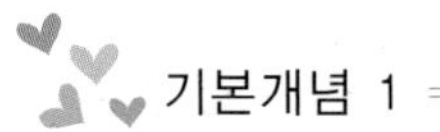

한 걸음 두 걸음!

리본이 모두 몇 개인지 알아보고 그 방법을 설명하시오.

1 리본이 모두 몇 개인지 묶어 세어 봅시다.

① ______________________씩 세어보니 모두 ________개입니다.

② '______________________'와 같이 [ ]씩 묶어 세어 보니 모두 ________개입니다.

③ '______________________'와 같이 [ ]씩 묶어 세어 보니 모두 ________개입니다.

④ '______________________'와 같이 [ ]씩 묶어 세어 보니 모두 ________개입니다.

⑤ '______________________'와 같이 [ ]씩 묶어 세어 보니 모두 ________개입니다.

2 리본이 모두 몇 개인지 수직선에서 알아봅시다.

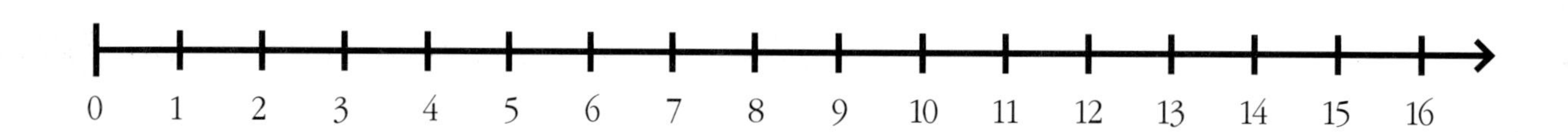

① '______________________'와 같이 [ ]씩 뛰어 세어 보니 모두 ________개입니다.

② '______________________'와 같이 [ ]씩 뛰어 세어 보니 모두 ________개입니다.

③ '______________________'와 같이 [ ]씩 뛰어 세어 보니 모두 ________개입니다.

④ '______________________'와 같이 [ ]씩 뛰어 세어 보니 모두 ________개입니다.

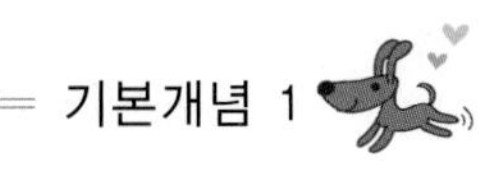

도전! 서술형!

사탕이 모두 몇 개인지 알아보고 그 방법을 설명하시오.

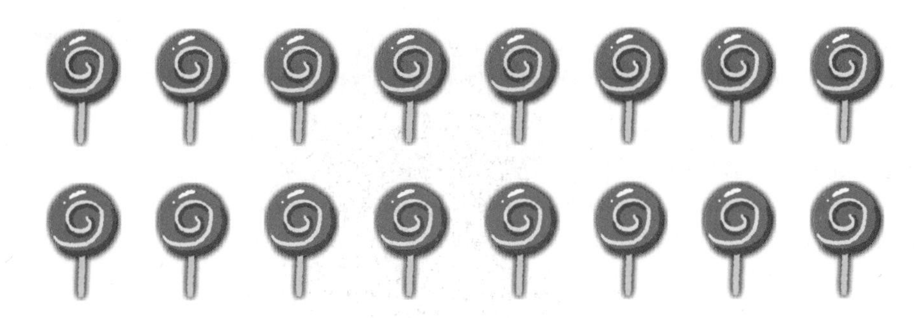

1 사탕이 모두 몇 개인지 3가지 방법으로 설명해봅시다.

2 사탕이 모두 몇 개인지 수직선에서 알아봅시다.

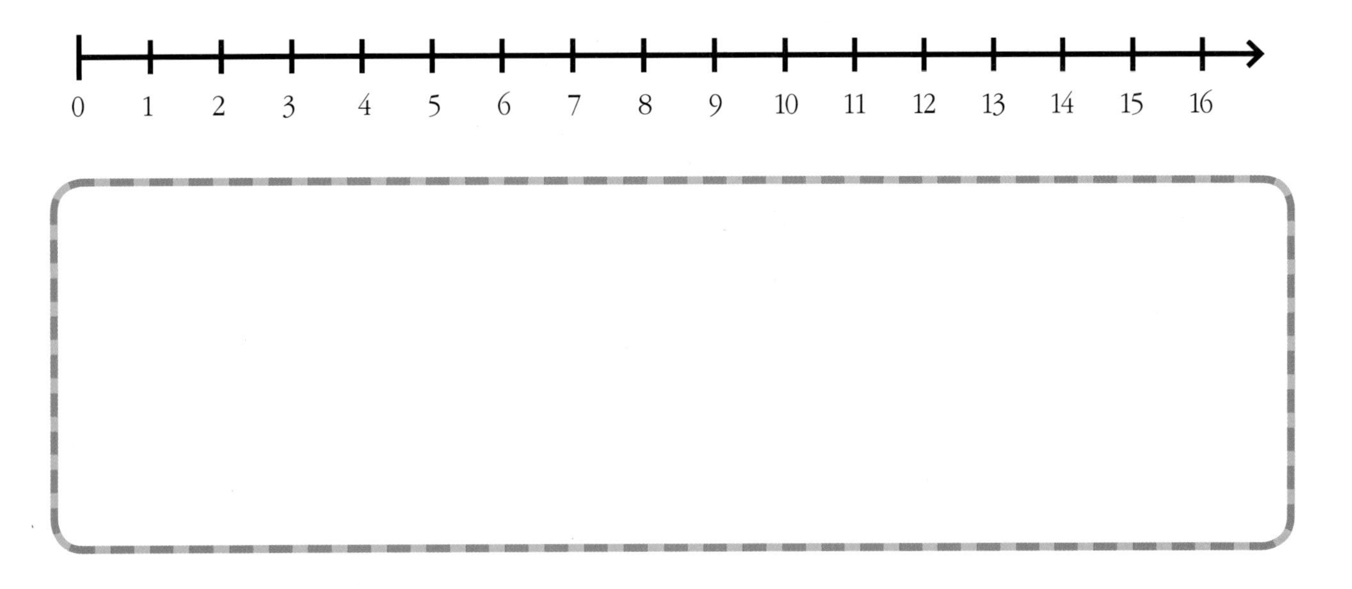

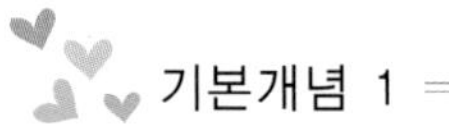

실전! 서술형!

 쿠키가 모두 몇 개인지 알아보고 여러 가지 방법으로 설명하시오.

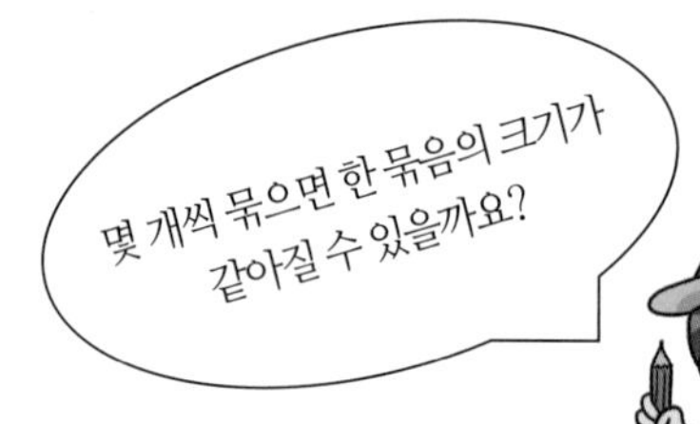

6. 곱셈 (기본개념2)

개념 쏙쏙!

음료수가 모두 몇 개인지 여러가지 방법으로 묶어 세어 보고 그 방법을 설명하시오.

1 음료수를 1씩 묶어 세어 봅시다.

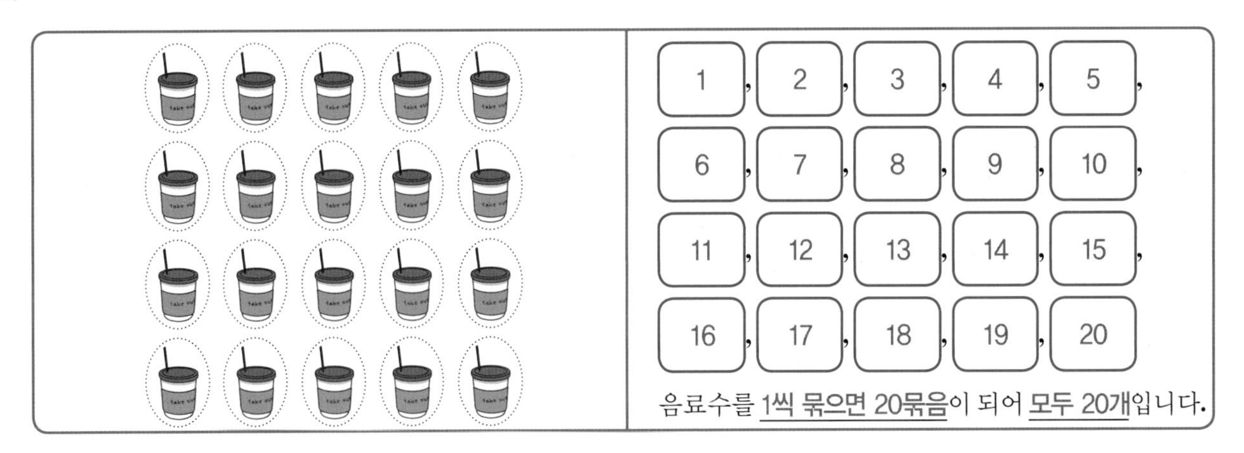

2 음료수를 2씩 묶어 세어 봅시다.

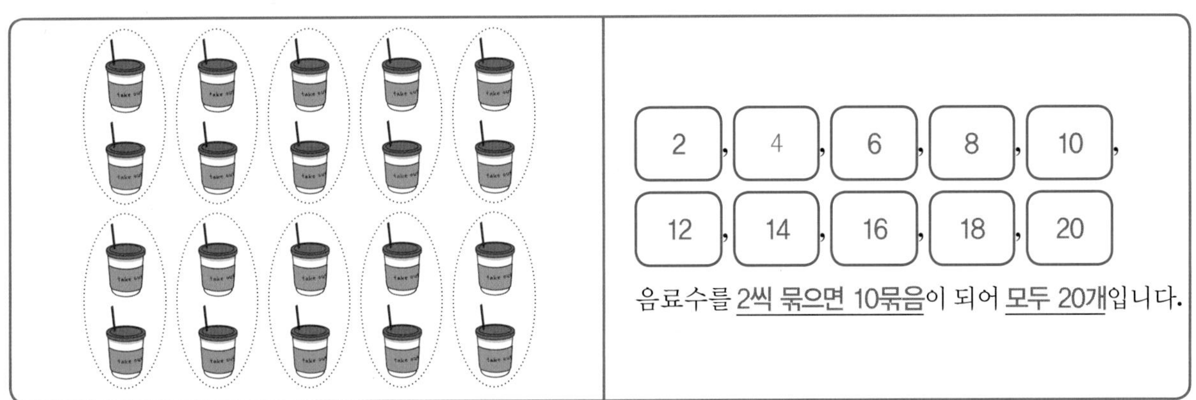

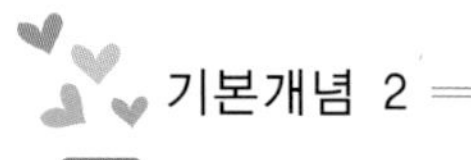

3 음료수를 4씩 묶어 세어 봅시다.

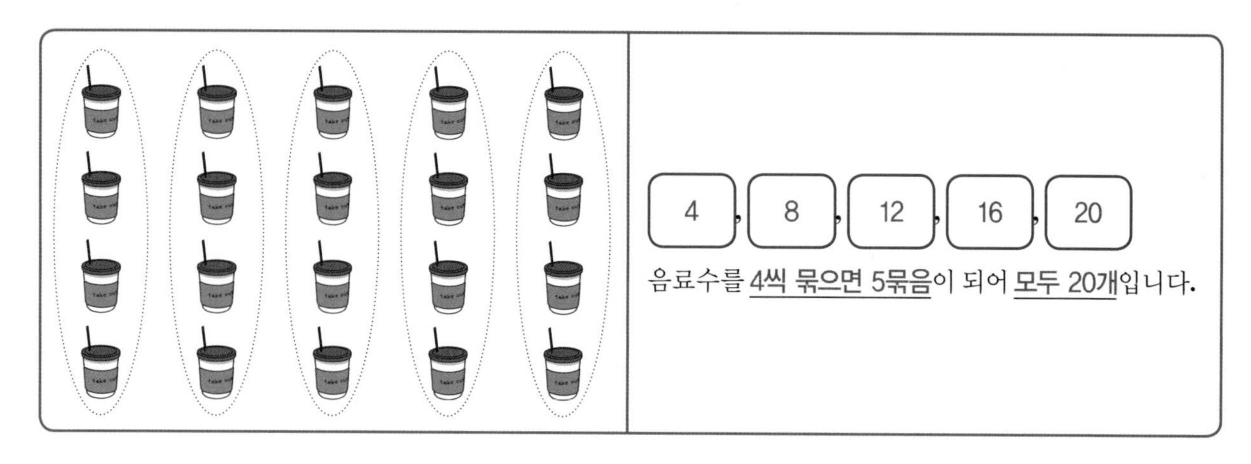

4 음료수를 5씩 묶어 세어 봅시다.

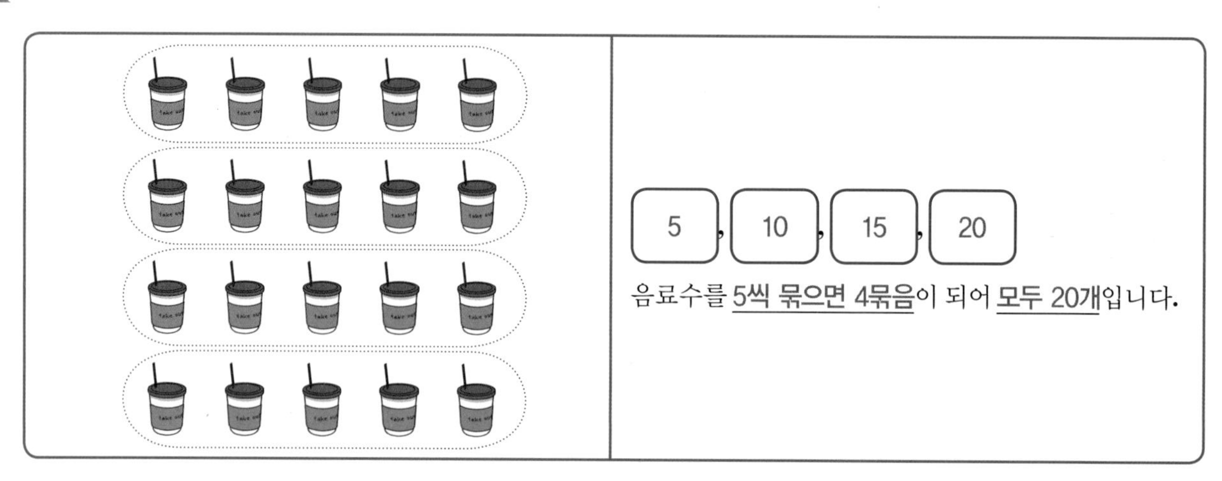

5 음료수를 10씩 묶어 세어 봅시다.

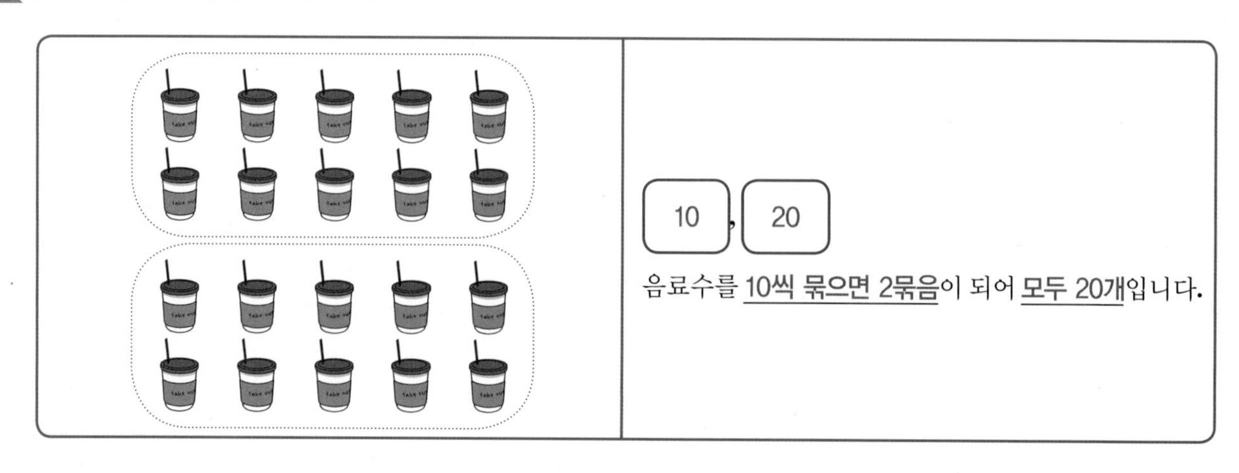

6 음료수를 20씩 묶어 세어 봅시다.

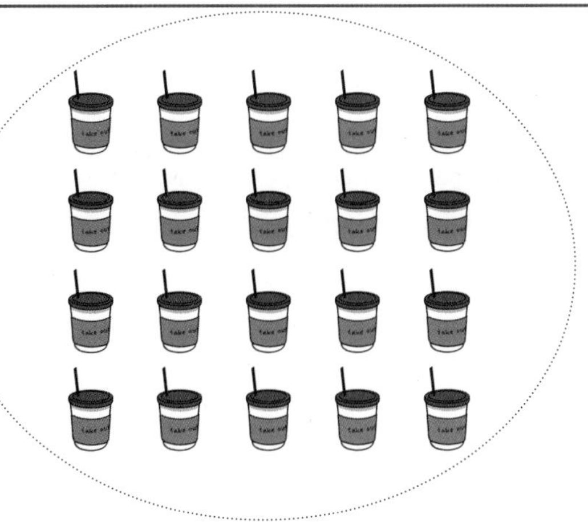

20

음료수를 20씩 묶으면 1묶음이 되어 모두 20개입니다.

정리해 볼까요?

여러 가지로 묶어 세는 방법 설명하기

음료수를 1씩 묶으면 20묶음이 되어 모두 20개입니다.

음료수를 2씩 묶으면 10묶음이 되어 모두 20개입니다.

음료수를 4씩 묶으면 5묶음이 되어 모두 20개입니다.

음료수를 5씩 묶으면 4묶음이 되어 모두 20개입니다.

음료수를 10씩 묶으면 2묶음이 되어 모두 20개입니다.

음료수를 20씩 묶으면 1묶음이 되어 모두 20개입니다.

첫걸음 가볍게!

연필이 모두 몇 자루인지 여러 가지 방법으로 묶어 세어 보고 그 방법을 설명하시오.

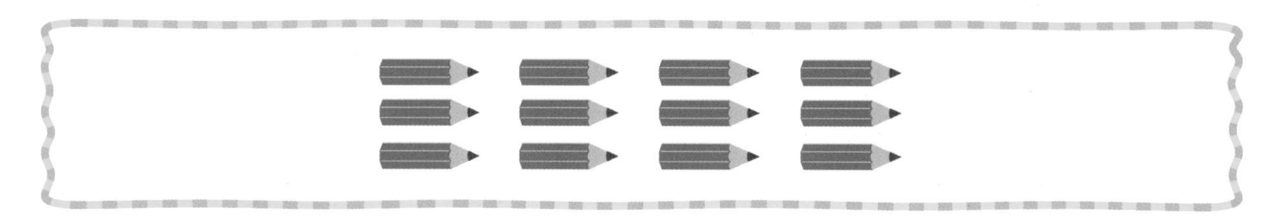

1 연필을 2자루 씩 묶어 세어 봅시다.

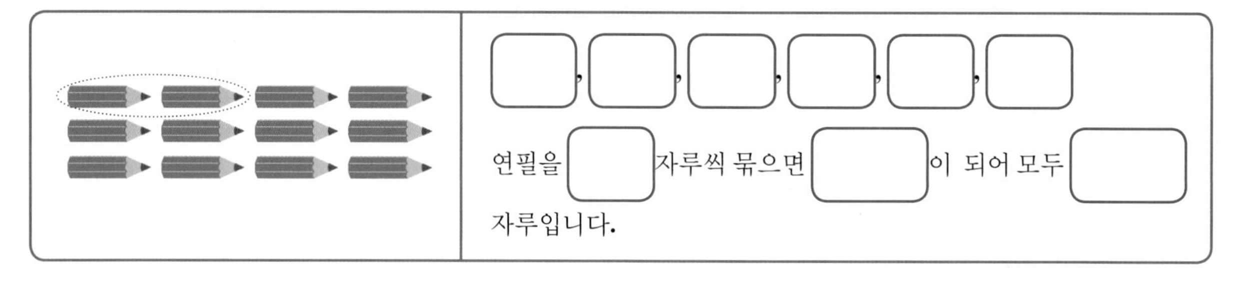

□, □, □, □, □, □

연필을 □ 자루씩 묶으면 □ 이 되어 모두 □ 자루입니다.

2 연필을 3자루 씩 묶어 세어 봅시다.

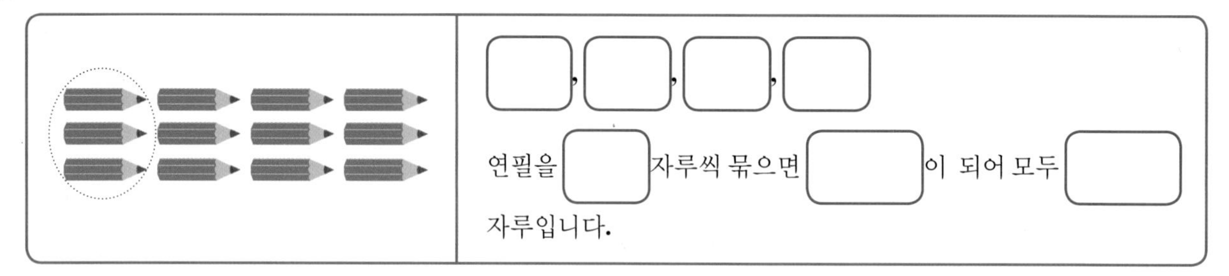

□, □, □, □

연필을 □ 자루씩 묶으면 □ 이 되어 모두 □ 자루입니다.

3 연필을 4자루 씩 묶어 세어 봅시다.

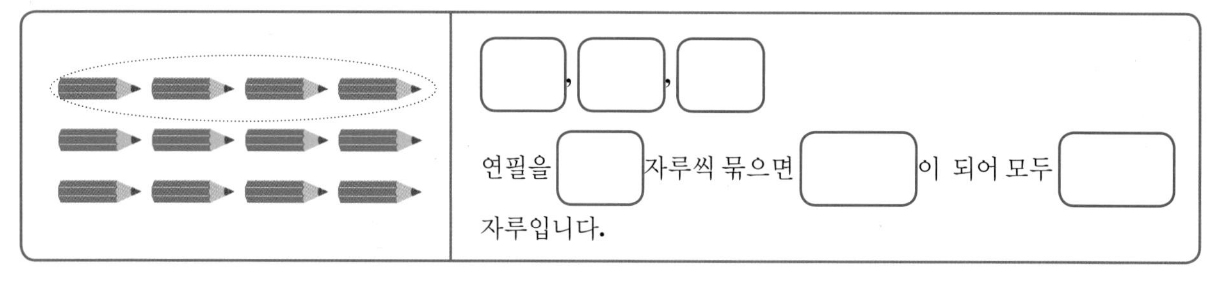

□, □, □

연필을 □ 자루씩 묶으면 □ 이 되어 모두 □ 자루입니다.

4 연필을 6자루 씩 묶어 세어 봅시다.

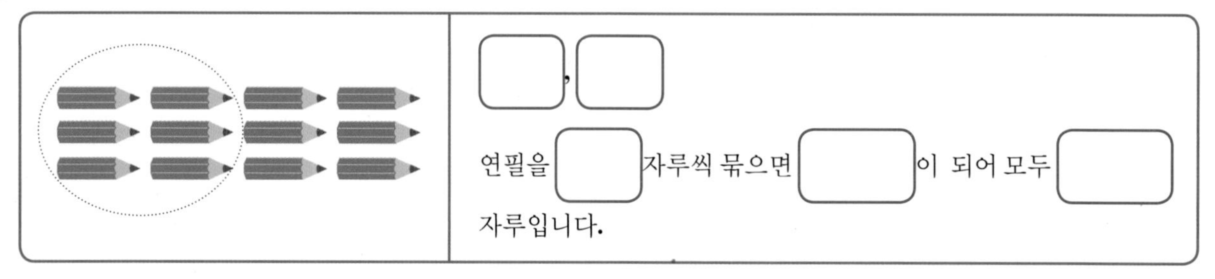

□, □

연필을 □ 자루씩 묶으면 □ 이 되어 모두 □ 자루입니다.

한 걸음 두 걸음!

지우개가 모두 몇 개인지 여러 가지 방법으로 묶어 세어 보고 그 방법을 설명하시오.

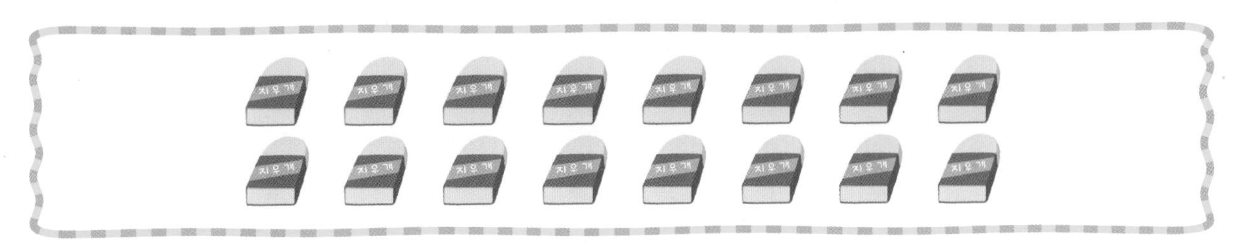

1 지우개를 2개씩 묶어 세어 봅시다.

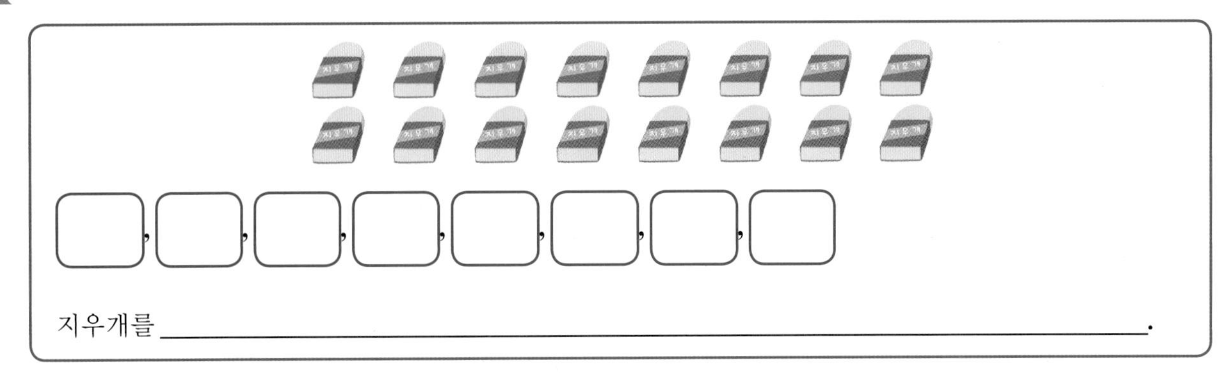

□, □, □, □, □, □, □, □

지우개를 ______________________.

2 지우개를 4개씩 묶어 세어 봅시다.

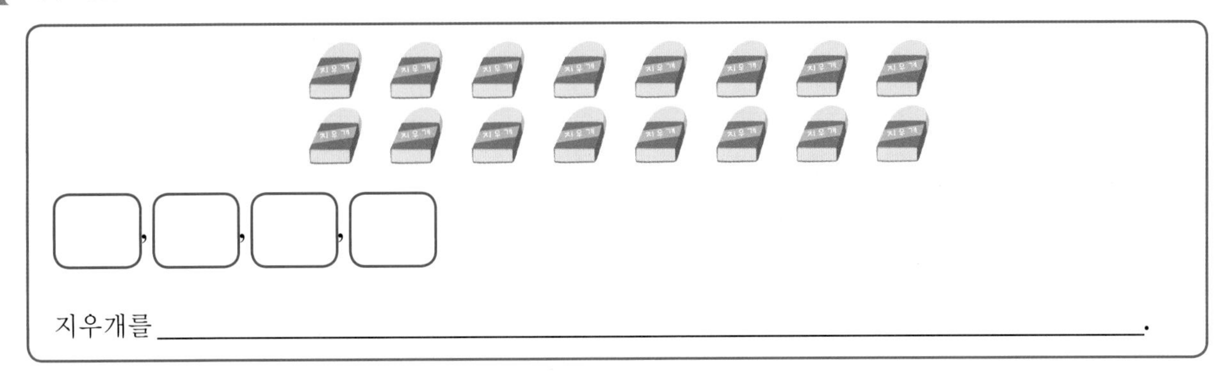

□, □, □, □

지우개를 ______________________.

3 지우개를 8개씩 묶어 세어 봅시다.

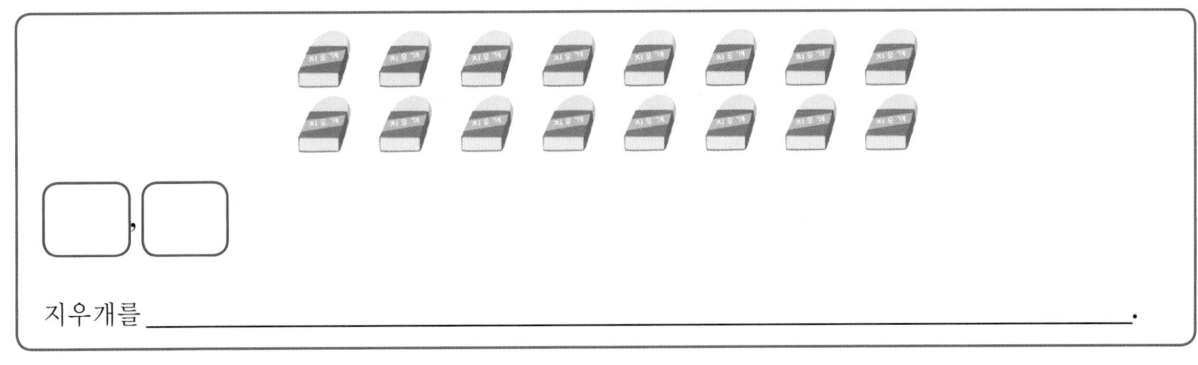

□, □

지우개를 ______________________.

도전! 서술형!

자동차가 모두 몇 대인지 여러 가지 방법으로 묶어 세어 보고 그 방법을 설명하시오.

1 자동차를 3대씩 묶어 세어 봅시다.

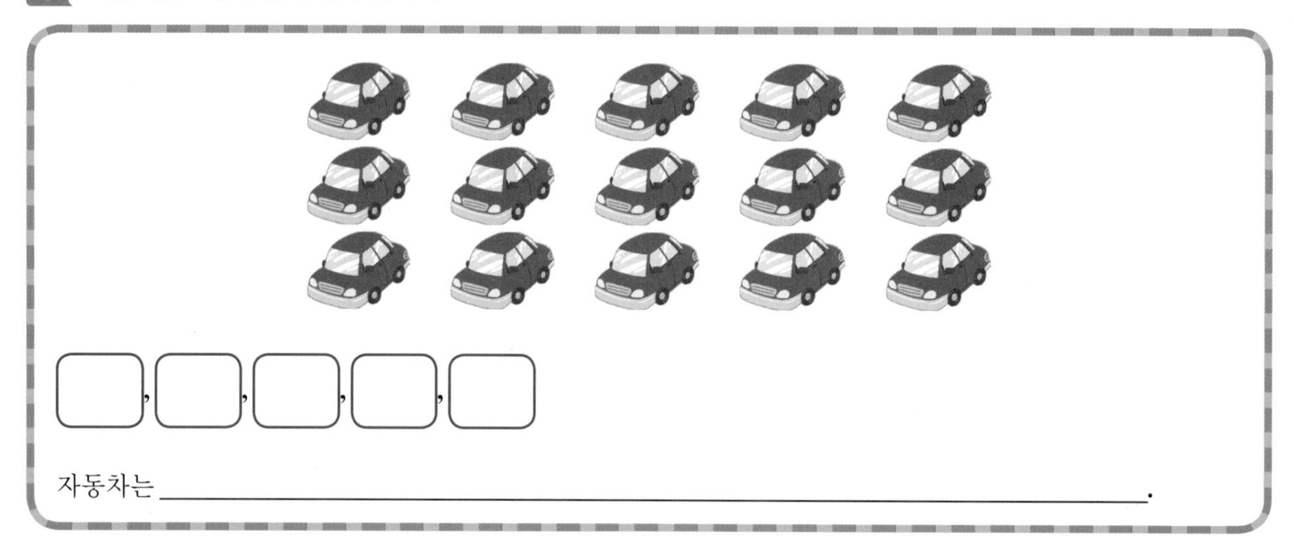

□, □, □, □, □

자동차는 ______________________________.

2 자동차를 5대씩 묶어 세어 봅시다.

□, □, □

자동차는 ______________________________.

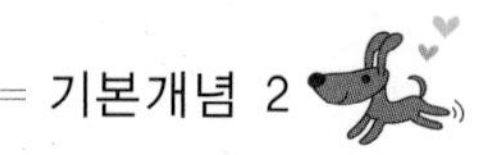

실전! 서술형!

강아지가 모두 몇 마리인지 3가지 방법으로 묶어 세어 보고 그 방법을 설명하시오.

6. 곱셈 (기본개념3)

개념 쏙쏙!

사과는 모두 몇 개인지 여러 가지 식으로 쓰고 그 과정을 설명하시오.

1 사과를 1개씩 묶어 세어 모두 몇 개인지 알아보고 여러 가지 식으로 쓰시오.

① 사과를 1개씩 묶어 세면 1, 2, 3, 4, 5, 6이므로 모두 6개입니다.

② 덧셈식은 $1 + 1 + 1 + 1 + 1 + 1 = 6$입니다.

③ 곱셈식은 $1 \times 6 = 6$입니다.

2 사과를 2개씩 묶어 세어 모두 몇 개인지 알아보고 여러 가지 식으로 쓰시오.

① 사과를 2개씩 묶어 세면 2, 4, 6이므로 모두 6개입니다.

② 덧셈식은 $2 + 2 + 2 = 6$입니다.

③ 곱셈식은 $2 \times 3 = 6$입니다.

3 사과를 3개씩 묶어 세어 모두 몇 개인지 알아보고 여러 가지 식으로 쓰시오.

① 사과를 3개씩 묶어 세면 3, 6이므로 모두 6개입니다.

② 덧셈식은 $3 + 3 = 6$입니다.

③ 곱셈식은 $3 \times 2 = 6$입니다.

4 사과를 6개씩 묶어 세어 모두 몇 개인지 알아보고 여러 가지 식으로 쓰시오.

① 사과를 6개씩 묶어 세면 [1묶음]이므로 모두 6개입니다.

② 곱셈식은 $6 \times 1 = 6$입니다.

정리해 볼까요?

덧셈식과 곱셈식으로 나타내기

▶ 덧셈식은 $1 + 1 + 1 + 1 + 1 + 1 = 6$입니다.

▶ 곱셈식은 $1 \times 6 = 6$입니다.

▶ 덧셈식은 $2 + 2 + 2 = 6$입니다.

▶ 곱셈식은 $2 \times 3 = 6$입니다.

▶ 덧셈식은 $3 + 3 = 6$입니다.

▶ 곱셈식은 $3 \times 2 = 6$입니다.

▶ 곱셈식은 $6 \times 1 = 6$입니다.

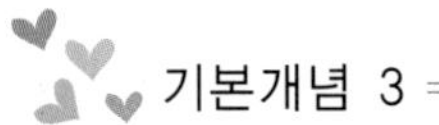

첫걸음 가볍게!

체리는 모두 몇 개인지 여러 가지 식으로 쓰고 그 과정을 설명하시오.

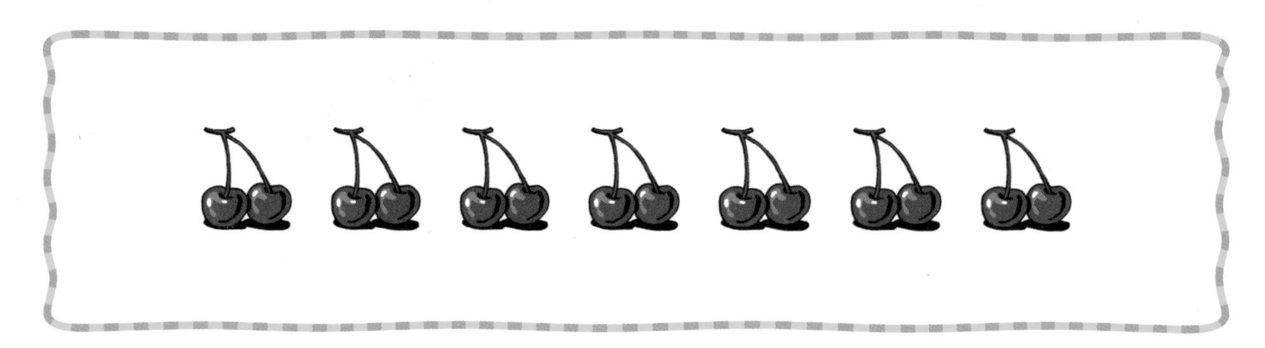

1 체리를 2개씩 묶어 세어 모두 몇 개인지 알아보고 여러 가지 식으로 쓰시오.

① 체리를 2개씩 묶어 세면 □ 묶음으로 모두 □ 개입니다.

② 덧셈식은 □ + □ + □ + □ + □ + □ + □ = □ 입니다.

③ 곱셈식은 □ × □ = □ 입니다.

2 체리를 7개씩 묶어 세어 모두 몇 개인지 알아보고 여러 가지 식으로 쓰시오.

① 체리를 7개씩 묶어 세면 □ 묶음으로 모두 □ 개입니다.

② 덧셈식은 □ + □ = □ 입니다.

③ 곱셈식은 □ × □ = □ 입니다.

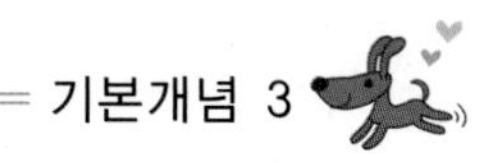

한 걸음 두 걸음!

바나나는 모두 몇 개인지 여러 가지 식으로 쓰고 그 과정을 설명하시오.

1 바나나를 1개씩 묶어 세어 몇 개인지 알아보고 덧셈식과 곱셈식으로 각각 써봅시다.

묶어세기: ______________________________.

덧셈식: ______________________________.

곱셈식: ______________________________.

바나나는 ________개입니다.

2 바나나를 3개씩 묶어 세어 몇 개인지 알아보고 덧셈식과 곱셈식으로 각각 써봅시다.

묶어세기: ______________________________.

덧셈식: ______________________________.

곱셈식: ______________________________.

바나나는 ________개입니다.

3 바나나를 7개씩 묶어 세어 몇 개인지 알아보고 덧셈식과 곱셈식으로 각각 써봅시다.

묶어세기: ______________________________.

덧셈식: ______________________________.

곱셈식: ______________________________.

바나나는 ________개입니다.

4 바나나를 21개씩 묶어 세어 몇 개인지 알아보고 덧셈식과 곱셈식으로 각각 써봅시다.

묶어세기: ______________________________.

곱셈식: ______________________________.

바나나는 ________개입니다.

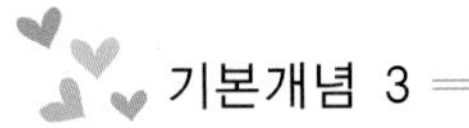

도전! 서술형!

딸기는 모두 몇 개인지 여러 가지 식으로 쓰고 그 과정을 설명하시오.

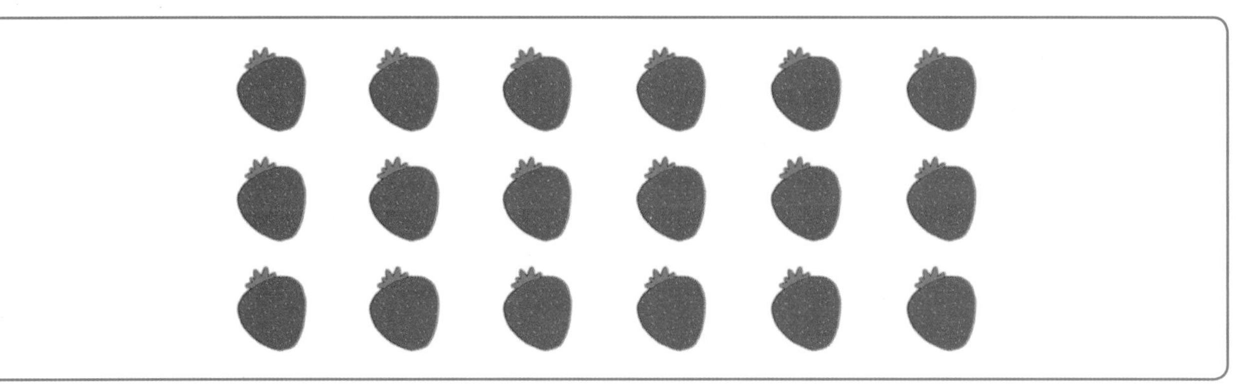

1 딸기는 모두 몇 개인지 덧셈식으로 알아봅시다.

2 딸기는 모두 몇 개인지 곱셈식으로 알아봅시다.

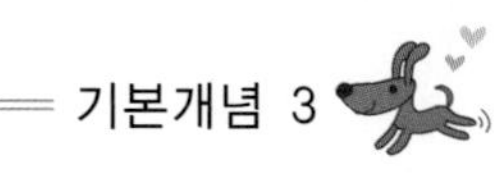

실전! 서술형!

복숭아는 모두 몇 개인지 여러 가지 식으로 쓰고 그 과정을 설명하시오.

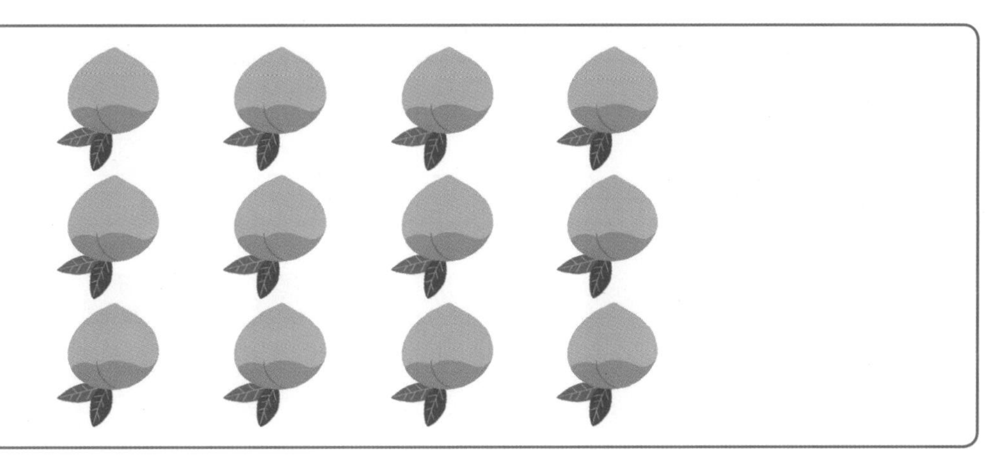

창의성

Jumping Up! 창의성!

숫자표에서 뛰어 세기를 한 만큼 색칠하여 무늬를 만들고 무늬 이름을 만들어봅시다.

2씩 뛰어 세기									
0	1	2	3	4	5	6	7	8	9
10	11	12	13	14	15	16	17	18	19
20	21	22	23	24	25	26	27	28	29
30	31	32	33	34	35	36	37	38	39
40	41	42	43	44	45	46	47	48	49
50	51	52	53	54	55	56	57	58	59
60	61	62	63	64	65	66	67	68	69
70	71	72	73	74	75	76	77	78	79
80	81	82	83	84	85	86	87	88	89
90	91	92	93	94	95	96	97	98	99
〈무늬이름〉 예시) 줄줄이									

3씩 뛰어 세기									
0	1	2	3	4	5	6	7	8	9
10	11	12	13	14	15	16	17	18	19
20	21	22	23	24	25	26	27	28	29
30	31	32	33	34	35	36	37	38	39
40	41	42	43	44	45	46	47	48	49
50	51	52	53	54	55	56	57	58	59
60	61	62	63	64	65	66	67	68	69
70	71	72	73	74	75	76	77	78	79
80	81	82	83	84	85	86	87	88	89
90	91	92	93	94	95	96	97	98	99
〈무늬이름〉									

5씩 뛰어 세기									
0	1	2	3	4	5	6	7	8	9
10	11	12	13	14	15	16	17	18	19
20	21	22	23	24	25	26	27	28	29
30	31	32	33	34	35	36	37	38	39
40	41	42	43	44	45	46	47	48	49
50	51	52	53	54	55	56	57	58	59
60	61	62	63	64	65	66	67	68	69
70	71	72	73	74	75	76	77	78	79
80	81	82	83	84	85	86	87	88	89
90	91	92	93	94	95	96	97	98	99
〈무늬이름〉									

7씩 뛰어 세기									
0	1	2	3	4	5	6	7	8	9
10	11	12	13	14	15	16	17	18	19
20	21	22	23	24	25	26	27	28	29
30	31	32	33	34	35	36	37	38	39
40	41	42	43	44	45	46	47	48	49
50	51	52	53	54	55	56	57	58	59
60	61	62	63	64	65	66	67	68	69
70	71	72	73	74	75	76	77	78	79
80	81	82	83	84	85	86	87	88	89
90	91	92	93	94	95	96	97	98	99
〈무늬이름〉									

나의 실력은?

1 빵은 모두 몇 개인지 알아보고 그 방법을 설명하시오.

2 고양이가 모두 몇 마리인지 여러 가지 방법으로 묶어 세어 보고 그 방법을 설명하시오.

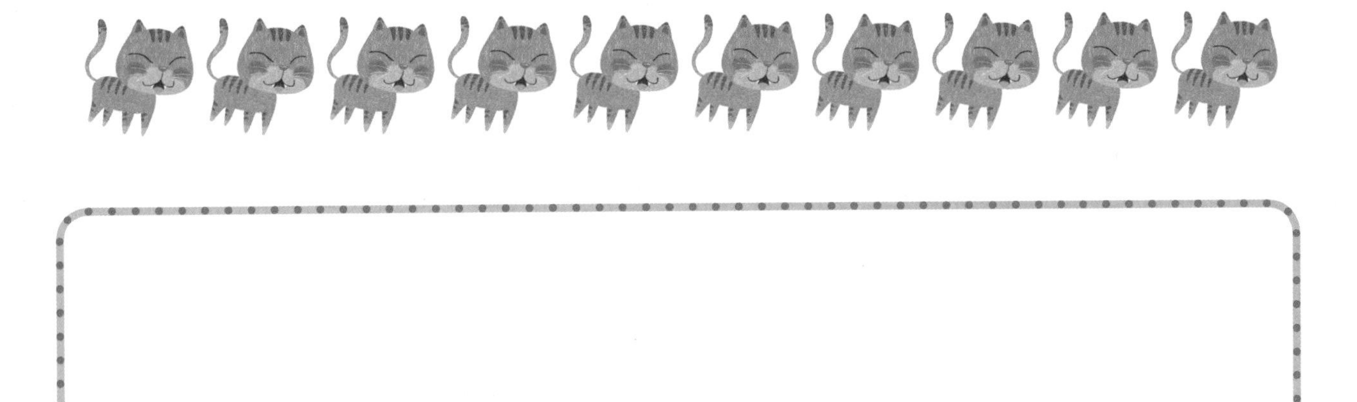

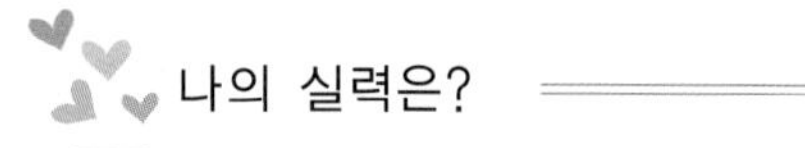

3 수박은 모두 몇 개인지 여러 가지 식으로 쓰고 그 과정을 설명하시오.

2-1

정답 및 해설

1. 세 자리 수

6쪽

개념 쏙쏙!

1 2개, 3개, 3개

2 2, 200, 3, 30, 3, 3

정리해 볼까요? 2, 200, 3, 30, 3, 3, 233

7쪽

첫걸음 가볍게!

1 3개, 300원, 3개, 30원, 4개, 4원

2 3, 300, 3, 30, 4, 4, 334

8쪽

한 걸음 두 걸음!

1 5개, 500권, 2개, 20권, 5개, 5권

2 100, 공책 5상자는 500권을 나타냅니다.

10, 공책 2묶음은 20권을 나타냅니다.

1, 공책 낱개 5권은 5권을 나태납니다.

525

9쪽

도전! 서술형!

1 7개, 700개, 5개, 50개, 8개, 8개

1 100개 이므로, 사탕 7상자는 700개를 나타냅니다.

10개 이므로, 사탕 5봉지는 50개를 나타냅니다.

1개 이므로, 사탕 낱개 8개는 8개를 나타냅니다.

758개입니다.

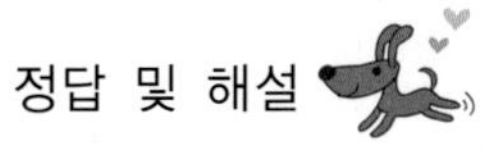

10쪽

실전! 서술형!

100원짜리 동전은 모두 8개이고 이는 800원을 나타냅니다.

10원짜리 동전은 모두 5개이고 이는 50원을 나타냅니다.

1원짜리 동전은 모두 7개이고 이는 7원을 나타냅니다.

할머니의 지갑에 들어있던 돈은 모두 857원입니다.

11쪽

개념 쏙쏙!

1 100, 100, 1,

30, 30, 3,

4, 2, 4, 2, 남학생,

남학생, 여학생

2 1, 3, 4, 2, 남학생, 여학생, 남학생, 134, 여학생, 132

정리해 볼까요? 백의 자리, 십의 자리, 일의 자리, 1, 3, 4, 2, 134, 132

13쪽

첫걸음 가볍게!

1 500, 600, 5, 6, 미나

70, 80, 7, 8, 미나

미나, 나영

2 5, 7, 0, 6, 8, 0

백의 자리, 5, 6, 미나, 나영. 미나

14쪽

한 걸음 두 걸음!

1 100, 100, 1

40, 70, 4, 7, 도연

도연, 소혜

2 1, 4, 5, 1, 7, 2

백의 자리, 소혜와 도연이 모두 1로 같습니다.

십의 자리, 4, 7, 도연이가 더 큽니다.

도연

15쪽 **도전! 서술형!** 

1 100, 100

백 모형의 수는 시진이와 대영이 모두 1개로 같습니다.

20, 20

십 모형의 수는 시진이와 대영이 모두 2개로 같습니다.

3, 7

일 모형의 수는 시진이는 3개 대영이는 7개로 대영이가 더 많습니다.

대영이가 시진이보다 더 많습니다.

2 1, 2, 3, 1, 2, 7

백의 자리, 시진이와 대영이 모두 1로 같습니다.

십의 자리, 시진이와 대영이 모두 2로 같습니다.

일의 자리, 시진이는 3, 대영이는 7로 대영이가 더 큽니다.

대영

16쪽 **실전! 서술형!** 

아래 2가지 중 1가지 또는 여러 가지 방법으로 해결하면 된다.

1 수 모형으로 비교하면

백 모형의 수는 1학년과 2학년 모두 2개로 같습니다.

십 모형의 수는 1학년과 2학년 모두 5개로 같습니다.

일 모형의 수는 1학년은 2개, 2학년은 8개로 2학년이 많습니다.

따라서 2학년 학생수가 1학년 학생수보다 많습니다.

2 자릿값으로 알아보면

백의 자리 수는 1학년과 2학년 모두 2로 같습니다.

십의 자리 수는 1학년과 2학년 모두 5로 같습니다.

일의 자리 수는 1학년은 2, 2학년은 8로 2학년이 더 큽니다.

따라서 2학년 학생수가 1학년 학생수보다 많습니다.

17쪽

개념 쏙쏙!

1 1) 111－112－113－114－115－116－117－118

2) 1씩 커집니다.

3) 1, 119

2 1) 129－139－149

2) 10씩 커집니다.

3) 10, 119

정리해 볼까요? 1, 1, 10, 커집니다, 10, 작아집니다.

19쪽

첫걸음 가볍게!

1 1) 281－282－283－284－285－286－287

2) 1씩 커집니다.

3) 1, 288

2 1) 258－268－278

2) 10씩 커집니다.

3) 10, 288

20쪽

한 걸음 두 걸음!

1 오른쪽, 561－562－563－564－565－566, 1씩 커지는, 566, 1 큰 수, 567

2 아래쪽, 547-557, 10씩 커지는, 557, 10 큰 수, 567

21쪽

도전! 서술형!

1 701, 오른쪽, 701-702-703-704-705-706-707-708, 1씩 커지는, 708보다 1 큰 수인 709

2 689, 아래쪽, 689-699, 10씩 커지는, 699보다 10 큰 수인 709
또는 729, 위쪽, 729-719, 10씩 작아지는, 719보다 10 작은 수인 709

22쪽

실전! 서술형!

아래 2가지 중 1가지 또는 여러 가지 방법으로 해결하면 된다.

1 933부터 오른쪽으로 읽어보면 933-934-935-936이고, 1씩 커지는 규칙이 있습니다. 따라서 936보다 1 큰 수인 937입니다.

2 917부터 아래쪽으로 읽어보면 917-927이고, 10씩 커지는 규칙이 있습니다. 따라서 927보다 10 큰 수인 937입니다.

또는, '893부터 대각선으로 읽어보면 893-904-915-926이고, 11씩 커지는 규칙이 있습니다. 따라서 926보다 11큰 수인 937입니다.'도 정답으로 인정

23쪽

개념 쏙쏙!

1 106, 107, 108, 109

2 1씩 뛰어 세기를 하였습니다.

3 200

4 1, 1, 109, 110

정리해 볼까요? 200, 1, 1, 1, 110

24쪽

첫걸음 가볍게!

1 10씩 뛰어 세기를 하였습니다.

2 191

3 10, 10, 190, 200

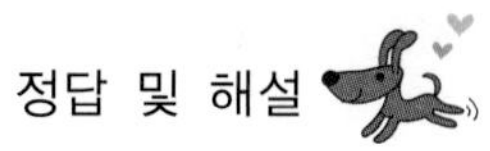

25쪽

한 걸음 두 걸음!

1 10씩 뛰어 세기를 하였습니다.

2 300

3 10, 수가 10씩 커져야 하기, 280 다음에는 290이 와야 합니다.

26쪽

도전! 서술형!

1 30씩 뛰어 세기를 하였습니다.

2 700

3 30씩 뛰어 세기를 하면 수가 30씩 커져야 하기, 690 다음에는 720이 와야 합니다.

27쪽

실전! 서술형!

잘못된 부분은 960입니다. 왜냐하면 850부터 뛰어 세기 한 규칙은 30씩 뛰어 세는 것이고, 30씩 뛰어 세기를 하면 수가 30씩 커져야 하기 때문에 940 다음에는 970이 와야 합니다.

28쪽

Jumping Up! 창의성!

1

도깨비나라	인간세상		365를 도깨비 나라 수 표현으로 나타내면?
♥	100		
◁	10		♥♥♥◁◁◁◁◁◁◎◎◎◎◎
◎	1		

2 예1) 큰 수를 표현할 때 옆으로 너무 길어진다.

예2) 수의 크기를 비교할 때 한눈에 알아보기 힘들다. 등

나의 실력은?

29쪽

1 100원짜리 동전은 모두 7개이고 이는 700원을 나타냅니다.

10원짜리 동전은 모두 8개이고 이는 80원을 나타냅니다.

1원짜리 동전은 모두 5개이고 이는 5원을 나타냅니다.

화폐 박물관에 전시된 돈은 모두 785원입니다.

2 아래 2가지 중 1가지 또는 여러 가지 방법으로 해결하면 됩니다.

1) 수 모형으로 비교하면

백 모형의 수는 유라와 민하 모두 1개로 같습니다.

십 모형의 수는 유라와 민하 모두 3개로 같습니다.

일 모형의 수는 유라는 5개, 민하는 8개로 민하가 많습니다.

따라서 민하가 유라보다 더 많은 횟수를 넘었습니다.

2) 자릿값으로 알아보면

백의 자리 수는 유라와 민하 모두 1로 같습니다.

십의 자리 수는 유라와 민하 모두 3으로 같습니다.

일의 자리 수는 유라는 5, 민하는 8로 민하가 더 큽니다.

따라서 민하가 유라보다 더 많은 횟수를 넘었습니다.

3 아래 2가지 중 1가지 또는 여러 가지 방법으로 해결하면 됩니다.

1) 341부터 오른쪽으로 읽어보면 341-342-343-344-345-345-347이고, 1씩 커지는 규칙이 있습니다. 따라서 347보다 1 큰 수인 348입니다.

2) 318부터 아래쪽으로 읽어보면 318-328-338이고, 10씩 커지는 규칙이 있습니다. 따라서 338보다 10 큰 수인 348입니다.

4 잘못된 부분은 380입니다. 왜냐하면 310에서부터 뛰어 세기 한 규칙은 20씩 뛰어 세는 것이고, 20씩 뛰어 세기를 하면 수가 20씩 커져야 하기 때문에 370 다음에는 390이 와야 합니다.

2. 여러 가지 도형

32쪽

개념 쏙쏙!

1 변, 3, 꼭짓점, 3

2 가, 나, 마

3 나, 라, 마

4 나, 마

5 나, 마

6 나, 마, 변, 3, 꼭짓점, 3, 변

정리해 볼까요? 나, 마, 변, 3, 꼭짓점, 3, 변

34쪽

첫걸음 가볍게!

1 변, 4, 꼭짓점, 4

2 변, 가, 나, 라, 마

3 변, 가, 나

4 가, 나

5 가, 나

6 가, 나, 변, 4, 꼭짓점, 4, 변

35쪽

한 걸음 두 걸음!

1 변, 5, 꼭짓점, 5, 모든 변이 만나고 있는

2 변, 가, 나, 라, 마, 바

3 변, 5개인 도형은 가, 라

4 꼭짓점, 5개인 도형은 가, 라

5 가, 라

6 가, 라, 변, 5, 꼭짓점, 5, 변

36쪽 

도전! 서술형!

1 변이 6개, 꼭짓점도 6개이고 모든 변이 만나고 있는

2 변, 만나고 있는 도형은 가, 나, 라, 마, 바

3 변, 6개인 도형은 바

4 꼭짓점, 6개인 도형은 바

5 육각형은 바

6 바, 변이 6개, 꼭짓점이 6개이고, 모든 변이 만나고 있기 때문입니다.

37쪽 

실전! 서술형!

공통으로 찾을 수 있는 도형은 육각형입니다.

육각형은 변이 6개, 꼭짓점이 6개이고, 모든 변이 서로 만납니다.

38쪽 

개념 쏙쏙!

1 삼각형, 사각형

2 이름: 삼각형, 사각형

공통점: 곧은 선, 곧은 선, 곧은 선

차이점: 변, 3, 꼭짓점, 3, 변, 4, 꼭짓점, 4

정리해 볼까요? 곧은선, 곧은 선, 곧은 선, 변, 꼭짓점, 3, 변, 꼭짓점, 4

39쪽 

첫걸음 가볍게!

1 사각형, 오각형

2 이름: 사각형, 오각형

공통점: 곧은 선, 곧은 선, 곧은 선

차이점: 변, 4, 꼭짓점 4, 변, 5, 꼭짓점, 5

40쪽

한 걸음 두 걸음!

1 오각형, 육각형

2 이름: 오각형, 육각형

공통점: 모든 선이 곧은 선입니다.

곧은 선과 곧은 선이 만났습니다.

차이점: 변이 5개입니다. 꼭짓점이 5개입니다.

변이 6개입니다. 꼭짓점이 6개입니다.

41쪽

도전! 서술형!

1 사각형, 4, 1, 5

2 사각형, 삼각형

3 이름: 삼각형, 사각형

공통점: 모든 선이 곧은 선입니다.

곧은 선과 곧은 선이 만났습니다.

차이점: 변이 3개입니다. 꼭짓점이 3개입니다.

변이 4개입니다. 꼭짓점이 4개입니다.

42쪽

실전! 서술형!

가장 많이 사용한 도형은 삼각형이고 가장 적게 사용한 도형은 육각형입니다.

공통점은 모든 선이 곧은 선이고 모든 곧은 선과 곧은 선이 만났습니다.

차이점은 삼각형은 변이 3개, 꼭짓점도 3개이고, 육각형은 변이 6개, 꼭짓점도 6개입니다.

43쪽

Jumping Up! 창의성!

1 변, 꼭짓점, 여러 방향

2 다, 라, 마

3 다, 마

4 다, 마

44쪽

1 가장 많이 사용된 도형은 사각형입니다. 사각형은 변과 꼭짓점이 모두 4개이고, 모든 변이 서로 만납니다.

2 가장 많이 사용된 도형은 사각형이고 가장 적게 사용된 도형은 육각형입니다.

공통점은 모든 선이 곧은 선이고 모든 곧은 선과 곧은 선이 만났습니다.

차이점은 사각형은 변과 꼭짓점이 모두 4개이고, 육각형은 변과 꼭짓점이 모두 6개입니다.

3. 덧셈과 뺄셈

46쪽 **개념 쏙쏙!**

1 26+8

2 ①
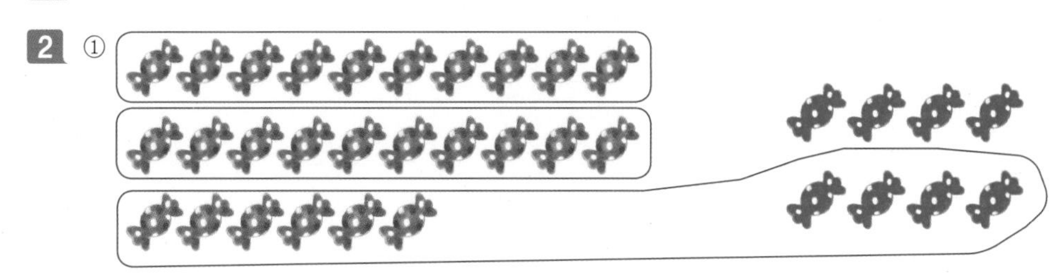

② 3, 4, 34

3 ① 6, 8, 14

② 10, 1

③ 2, 1, 3

3, 4, 34

4

$$\begin{array}{lr} & 2\ 6 \\ & +\quad 8 \\ \hline \text{1) 일의 자리}\quad 6+8 \rightarrow & \boxed{1}\boxed{4} \\ \text{2) 십의 자리}\quad 20+0 \rightarrow & \boxed{2}\boxed{0} \\ \hline & \boxed{3}\boxed{4} \end{array} \Rightarrow \begin{array}{r} \boxed{1} \\ 2\ 6 \\ +\quad 8 \\ \hline \boxed{3}\boxed{4} \end{array}$$

① 같은 자리 수

② 6+8=14, 4, 일 ,10, 십

③ 2, 3, 십

④ 34

정리해 볼까요?

1. ① 6, 8, 14

② 10, 1

③ 2, 1, 3

④ 3, 4, 34

2. ② 6+8=14, 4, 일, 10, 십

③ 2, 3, 십

④ 34

48쪽

첫걸음 가볍게 !

1 25+18

2

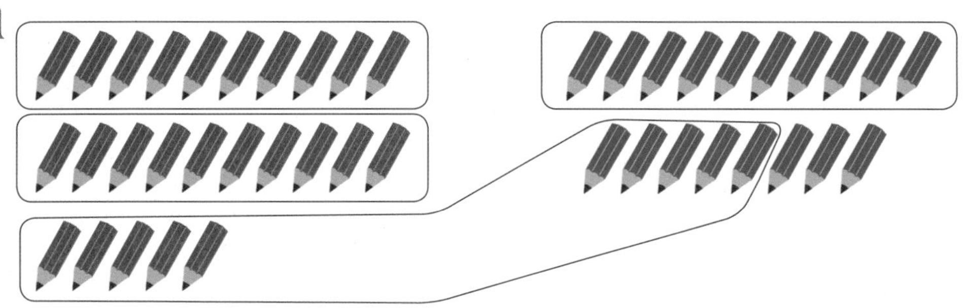

② 4, 3, 43

3 ① 5, 8, 13

② 10, 1

③ 2, 1, 1, 4

4, 3, 43

4

```
                                  2 5                    [1]
                                + 1 8                     2 5
1) 일의 자리    5+8  →          [1 3]          ⇨        + 1 8
2) 십의 자리   20+10 →          [3 0]                   [4 3]
                                [4 3]
```

① 같은 자리 수

② 5+8=13, 3, 일, 10, 십

③ 2+1=3, 3, 4, 십

④ 43

50쪽

한 걸음 두 걸음!

1 35+27

2

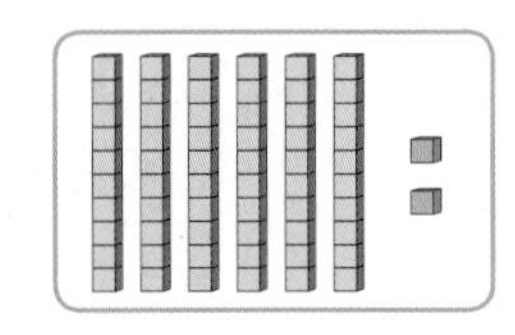

① 5+7로 12

② 10, 1

③ 3+2+1이므로 6

6, 2, 62

3

1) 일의 자리 5+7 → 12
2) 십의 자리 30+20 → 50

```
   3 5
 + 2 7
 -----
   1 2
   5 0
 -----
   6 2
```

⇨

```
   1
   3 5
 + 2 7
 -----
   6 2
```

① 같은 자리 수

② 5+7=12로 2는 일의 자리에 쓰고, 10, 십

③ 3+2=5로 5에 받아 올림 한 1을 더한 6을 십의 자리에 씁니다.

④ 62

51쪽

도전! 서술형!

1 27+44

2

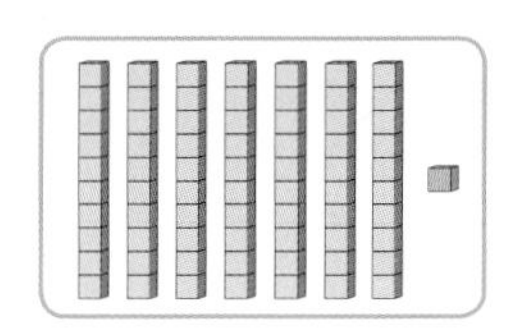

① 7+4로 11

② 10개를 십 모형 1개로

③ 2+4+1이므로 7

십 모형 7개, 일 모형 1개

71

3

1) 일의 자리 7+4 → 11
2) 십의 자리 20+40 → 60

```
   2 7
 + 4 4
 -----
   1 1
   6 0
 -----
   7 1
```

⇨

```
   1
   2 7
 + 4 4
 -----
   7 1
```

① 같은 자리 수끼리 더합니다.

② 7+4=11로 1은 일의 자리에 쓰고 10은 십의 자리에 1로 올립니다.

③ 2+4=6으로 6에 받아 올림 한 1을 더한 7을 십의 자리에 씁니다.

④ 71입니다.

52쪽

실전! 서술형!

식: 14+17

아래 2가지 중 1가지 또는 여러 가지 방법으로 해결하면 됩니다.

1.

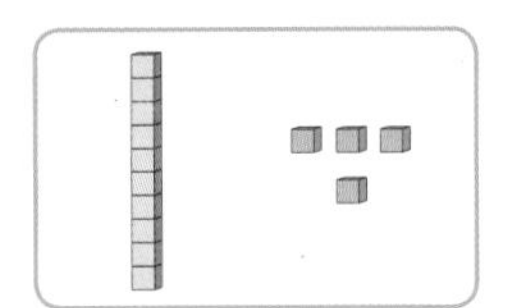

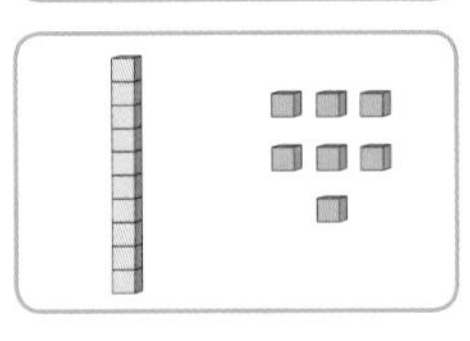

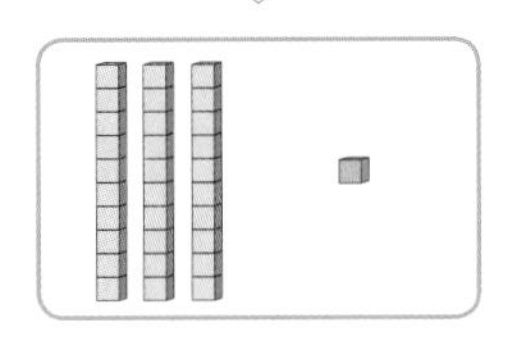

수 모형으로 알아보면 일 모형은 4+7로 11개입니다. 일 모형 10개는

십 모형 1개로 바꿉니다. 십 모형은 1+1+1이므로 3개입니다.

따라서 14와 17의 합은 십 모형 3개, 일 모형 1개이므로 31입니다.

2.

$$\begin{array}{r} 1\ 4 \\ +\ 1\ 7 \\ \hline 1\ 1 \\ 2\ 0 \\ \hline 3\ 1 \end{array} \Rightarrow \begin{array}{r} {}^{1} \\ 1\ 4 \\ +\ 1\ 7 \\ \hline 3\ 1 \end{array}$$

※ 두 가지 세로 덧셈식 중 한 가지 형태만 써도 정답

같은 자리 수끼리 더합니다. 일의 자리 수끼리 더하면 4+7=11로 1은 일의

자리에 쓰고, 10은 십의 자리에 1로 올립니다. 십의 자리 수끼리 더하면

1+1=2로 2에 받아 올림 한 1을 더한 3을 십의 자리에 씁니다.

합은 31입니다.

53쪽 **개념 쏙쏙!**

1 17, 9

① 30, 8

② 30, 17

③ 17, 8, 9

2 7, 40, 2, 9

① 40, 7

② 38, 2

③ 2, 7, 9

정리해 볼까요?

1. 30, 8, 30, 17, 17, 8, 9

2. 40, 7, 38, 2, 2, 7, 9

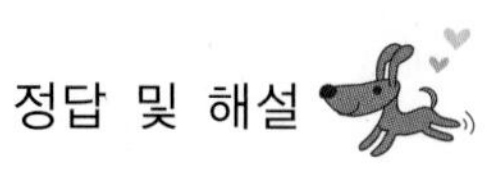

54쪽

첫걸음 가볍게!

1 23, 16

① 30, 7

② 30, 23

③ 23, 7, 16

2 13, 40, 3, 16

① 40, 13

② 40, 37, 3

③ 3, 13, 16

55쪽

한 걸음 두 걸음!

1 32, 24

① 40과 8로 가르기 합니다.

② 40, 32입니다.

③ 32, 8을 빼면 24가 됩니다.

2 22, 50, 2, 24

① 50과 22로 가르기 합니다.

② 50, 48, 2입니다.

③ 2, 22, 24가 됩니다.

56쪽

도전! 서술형!

1 43, 36

① 40과 7로 가르기 합니다.

② 47의 40을 먼저 빼면 43입니다.

③ 43에서 7을 빼면 36이 됩니다.

2 33, 50, 3, 36

① 50과 33으로 가르기 합니다.

② 50에서 47을 빼면 3입니다.

③ 3, 33을 더하면 36이 됩니다.

57쪽

실전! 서술형!

방법 1

6 3 - 2 9

43

34

29를 20과 9로 가르기 합니다. 63에서 29의 20을 먼저 빼면 43입니다.

43에서 9를 빼면 34가 됩니다.

방법 2

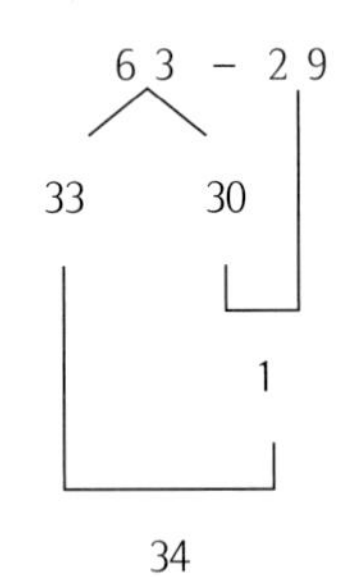

63을 30과 33으로 가르기 합니다. 30에서 29를 빼면 1이 됩니다.

1과 남아있는 33을 더하면 34가 됩니다.

58쪽

Jumping Up! 창의성! ①

1 1) 76, 83

① 30, 7

② 30, 76

③ 23, 76, 7, 83

57, 65

① 40, 8

② 40, 57

③ 57, 8, 65

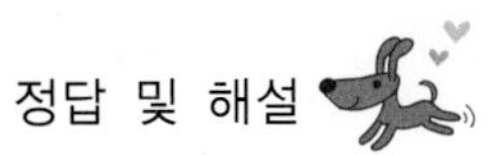

2) 4, 33, 50, 83

① 4, 33

② 4, 50

③ 50, 33, 83

3, 45, 20, 65

① 3, 45

② 3, 20

③ 20, 45, 65

2 6, 40, 77, 83

① 40, 6

② 40, 77

③ 77, 6, 83

7, 10, 58, 65

① 10, 7

② 10, 58

③ 58, 7, 65

60쪽

Jumping Up! 창의성! ②

1 20, 1, 22, 23

① 1, 20, 22

② 1, 22, 1

③ 23

2 빼는 수가 몇 십에 가까운 수일 경우에 사용하는 것이 좋습니다.

61쪽

개념 쏙쏙!

1 4+□=9

2

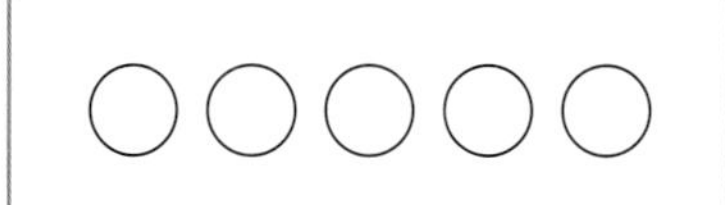

5, 5

3 5, 5, 5

4 9−4=□, 5, 5

정리해 볼까요?

1 ○○○○○

9자루가 되려면 5자루의 연필이 더 필요합니다. 따라서 선물 받은 연필은 5자루입니다.

2 5, 5, 5

3 9−4=□, 5, 5

63쪽 **첫걸음 가볍게!**

1 12−□=4

2

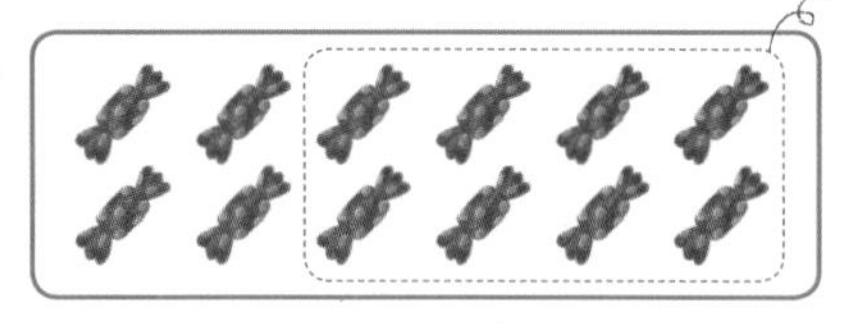

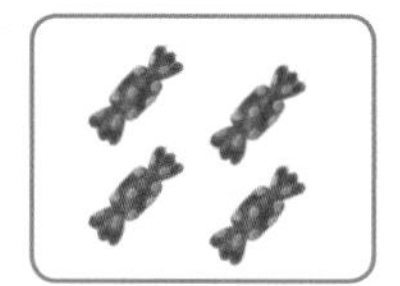

8, 8

3 8, 8, 8

4 12−□=4, 12−4=□, 8, 8

64쪽 **한 걸음 두 걸음!**

1 23−□=4

2

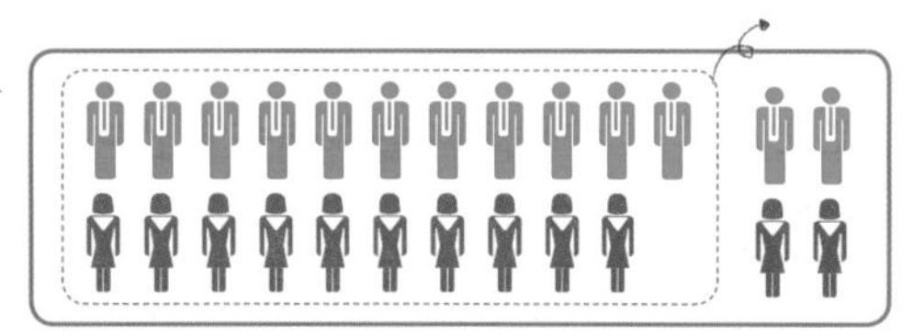

19, 19

3 19, 19칸만큼 되돌아와야 합니다. 19명입니다.

4 23−□=4, 23−4=□, □는 19입니다, 내린 승객의 수는 19명입니다.

65쪽

도전! 서술형!

1 18+□=26

2 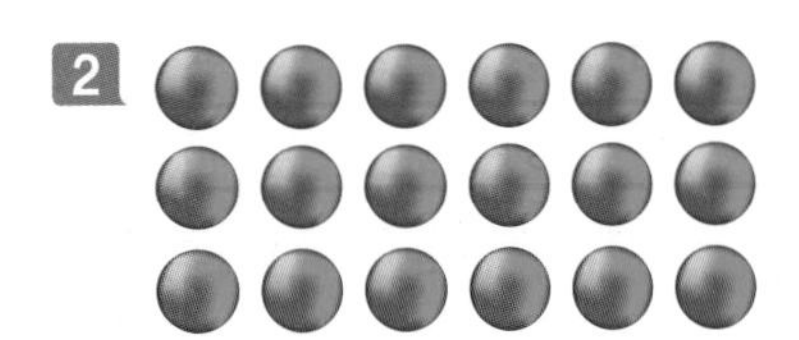 

8개의 구슬이 더 필요합니다. 8개입니다.

3 8, 8칸만큼 더 이동해야 합니다, 친구에게 받은 구슬은 8개입니다.

4 18+□=26, 26−18=□, □는 8입니다, 친구에게 받은 구슬은 8개입니다.

66쪽

실전! 서술형!

방법 1 그림으로 알아보기

○○○○○○○○○○
○○

21개의 사과가 되려면 9개의 사과가 더 필요합니다. 따라서 어머니가 딴 사과의 수는 9개입니다.

방법 2 수직선으로 알아보기

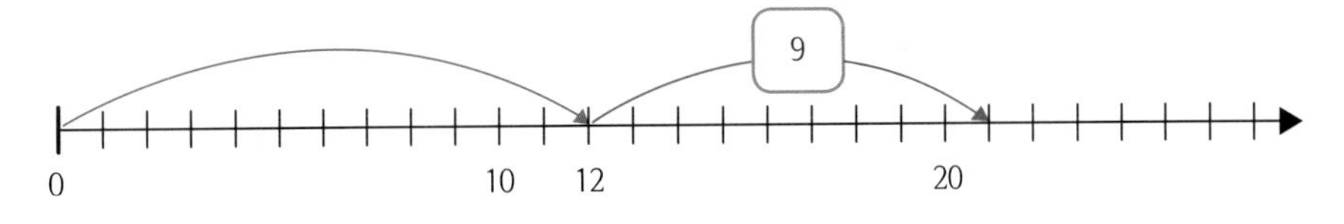

12에서 21까지 가려면 9만큼 더 이동해야합니다. 따라서 어머니가 딴 사과의 수는 9개입니다.

방법 3 식을 바꾸어 알아보기

12+□=21에서 □의 값을 구하는 식으로 바꾸면 21−12=□입니다. 그래서 □의 값은 9입니다.

따라서 어머니가 딴 사과의 수는 9개입니다.

나의 실력은?

67쪽

1 식 : 24+19

아래 2가지 중 1가지 또는 여러 가지 방법으로 해결하면 됩니다.

1)

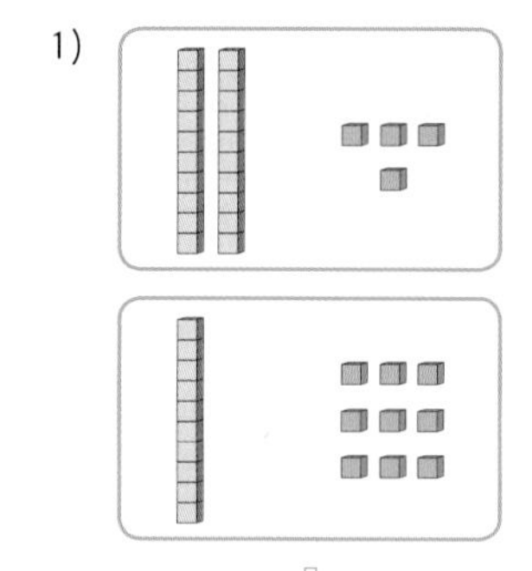

수 모형으로 알아보면 일 모형은 4+9로 13개입니다. 일 모형 10개는 십 모형 1개로 바꿉니다. 십 모형은 2+1+1이므로 4개입니다.

따라서 24와 19의 합은 십 모형 4개, 일 모형 3개이므로 43입니다.

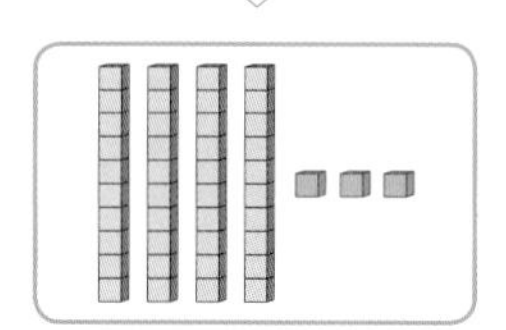

2)

```
   2 4
 + 1 9
 -----
   1 3
   3 0
 -----
   4 3
```

⇨

```
   1
   2 4
 + 1 9
 -----
   4 3
```

※ 두 가지 세로 덧셈식 중 한 가지 형태만 써도 정답

같은 자리끼리 더합니다. 일의 자리 수끼리 더하면 4+9=13으로 3은 일의 자리에 쓰고, 10은 십의 자리에 1로 올립니다. 십의 자리 수끼리 더하면 2+1=3로 3에 받아 올림 한 1을 더한 4을 십의 자리에 씁니다.

합은 43입니다.

2 방법1

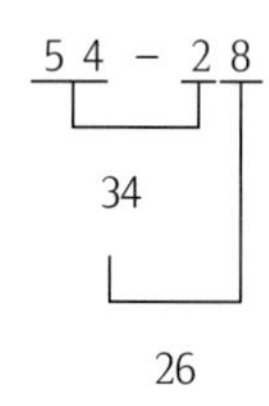

28을 20과 8로 가르기 합니다.

54에서 28의 20을 먼저 빼면 34입니다.

34에서 8을 빼면 26입니다.

방법2

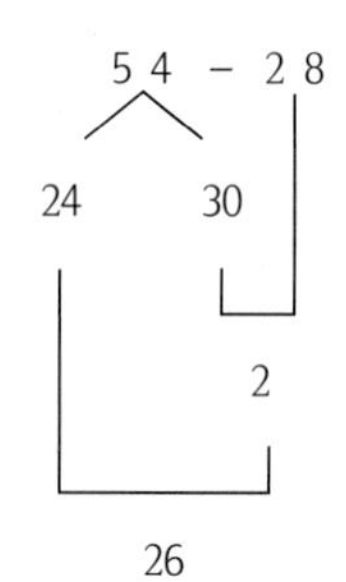

54를 30과 24로 가르기 합니다.

30에서 28을 빼면 2입니다.

2와 남아있는 24를 더하면 26입니다.

68쪽

3 식 : 21－□=8

방법 1 그림으로 알아보기

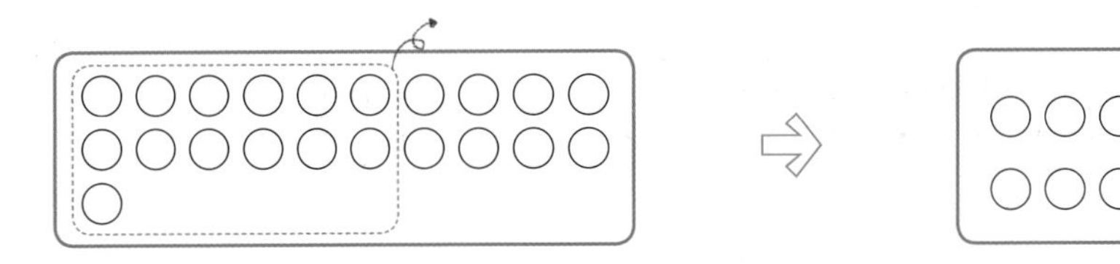

21에서 8이 남도록 덜어내면 □의 값은 13입니다. 따라서 내린 승객의 수는 13명입니다.

방법 2 수직선으로 알아보기

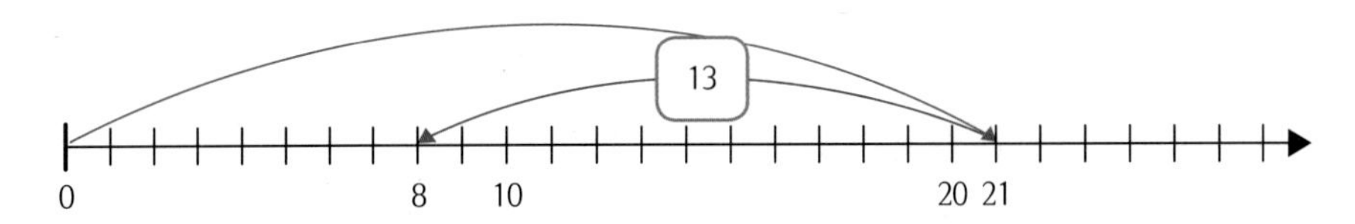

21에서 8까지 가려면 13칸만큼 되돌아와야 합니다. 따라서 내린 승객의 수는 13명입니다.

방법 3 식을 바꾸어 알아보기

21－□=8에서 □의 값을 구하는 식으로 바꾸면 21－8=□입니다. 그래서 □의 값은 13입니다. 따라서 내린 승객의 수는 13명입니다.

4. 길이재기

71쪽 **첫걸음 가볍게 !**

1 ① 0의 눈금, ②눈금

2 ③

3 ③, 물건의 끝을 자의 눈금 0에 맞추었기

①, ②, ④, 물건의 끝을 0의 눈금에 맞추어 재지 않았기 때문입니다.

72쪽 **한 걸음 두 걸음!**

1 ① 0의 눈금, ②눈금

2 ①

②, ③, ④ 물건의 끝을 0의 눈금에 맞추어 재지 않았기 때문입니다.

3 ①

물건의 끝을 자의 눈금 0에 잘 맞추었기 (때문입니다.)

73쪽 **도전! 서술형!**

1 물건의 한쪽 끝을 0의 눈금에 맞춥니다.

그리고 다른 쪽 끝이 가리키는 눈금을 읽습니다.

2 ④

3 물건의 끝을 자의 눈금에 0에 잘 맞춘 ④번이 길이를 바르게 잰 것입니다. ①, ②, ③번은 물건의 끝을 0의 눈금에 맞추어 재지 않았습니다.

74쪽 **실전! 서술형!**

자를 이용하여 길이를 재는 방법은 먼저 물건의 한쪽 끝을 0의 눈금에 맞춘 다음 다른 쪽 끝이 가리키는 눈금을 읽습니다. ①, ②, ③은 물건의 끝을 0의 눈금에 맞추어 재지 않았기 때문에 바르게 잰 것은 ④번입니다.

76쪽

첫걸음 가볍게 !

1 ① 1, 1, 5

② 9, 4, 차

2 5

3 1cm, 1, 5, 9, 4, 차, 5, 5

77쪽

한 걸음 두 걸음!

1 ① 숫자와 숫자 사이의 길이는 1cm

1cm로 3번만큼의 길이

② 끝과 끝이 가리키는 눈금이 각각 9cm, 6cm이므로 그 차

2 ① 3cm

3 ① 숫자와 숫자 사이의 길이는 1cm로 3번 만큼의 길이입니다.

② 눈금이 각각 9cm, 6cm 이므로 그 차를 구합니다.

③ 3cm

78쪽

도전! 서술형!

1 숫자와 숫자 사이의 길이는 1cm이고 지우개는 1cm가 4번만큼의 길이

끝과 끝이 가리키는 눈금이 각각 6cm, 10cm이므로 그 차를 구하면 4cm(입니다.)

2 4

3 숫자와 숫자 사이의 길이는 1cm이고 지우개는 1cm가 4번만큼의 길이이므로 4cm이 됩니다. 또 지우개의 끝과 끝이 가리키는 눈금이 각각 4cm, 10cm이므로 그 차를 구하면 6cm입니다.

79쪽

실전! 서술형!

숫자와 숫자 사이의 길이는 1cm이고 연필은 1cm가 7번만큼의 길이이므로 7cm이 됩니다. 또 연필의 끝과 끝이 가리키는 눈금이 각각 2cm, 9cm이므로 그 차를 구하면 7cm입니다.

81쪽

첫걸음 가볍게 !

1

	기호	어림한 길이
가장 긴 막대	㉠	약 8cm
가장 짧은 막대	㉡	약 2cm

2 ① 1cm, 엄지손가락 너비

③ 약

④ 엄지손가락, 8, 약 8cm

⑤ 엄지손가락, 2, 약 2cm

⑥ 엄지손가락, 3, 약 3cm

⑦ 엄지손가락, 4, 약 4cm

3 약 1cm, ㉠, 엄지손가락 너비, 8, 약 8cm, ㉡, 엄지손가락 너비, 2, 약 2cm, ㉠, ㉡

82쪽

한 걸음 두 걸음!

1

	기호	어림한 길이
가장 긴 막대	㉣	약 6cm
가장 짧은 막대	㉠	약 3cm

2 ① 약 1cm를 나타내는 것은 엄지손가락 너비입니다.

③ 약

④ 나의 엄지손가락 너비로 3번만큼 이므로 약 3cm입니다.

⑤ 나의 엄지손가락 너비로 4번만큼 이므로 약 4cm입니다.

⑥ 나의 엄지손가락 너비로 5번만큼 이므로 약 5cm입니다.

⑦ 나의 엄지손가락 너비로 6번만큼 이므로 약 6cm입니다.

3 엄지손가락 너비는 약 1cm, ㉣, 나의 엄지손가락 너비로 6번 만큼이므로 약 6cm, ㉠, 엄지손가락 너비로 3번만큼 이므로 약 3cm, 막대 ㉣이 가장 길고, 막대 ㉠이 가장 짧습니다.

83쪽

도전! 서술형!

1

	기호	어림한 길이
가장 긴 막대	㉠	약 7cm
가장 짧은 막대	㉡	약 2cm

2 우리 몸에서 약 1cm를 나타내는 것은 엄지손가락 너비입니다. 각 막대에서 엄지손가락을 옮겨가며 어림을 합니다. 막대 ㉠은 나의 엄지손가락 너비로 7번만큼 이므로 약 7cm입니다. 막대 ㉡은 나의 엄지손가락 너비로 2번만큼 이므로 약 2cm입니다. 막대 ㉢은 의 엄지손가락 너비로 3번만큼 이므로 약 3cm입니다. 막대 ㉣은 의 엄지손가락 너비로 5번만큼 이므로 약 5cm입니다.

3 우리 몸에서 약 1cm를 나타내는 것은 엄지손가락 너비입니다. 각 막대에서 엄지손가락을 옮겨가며 어림을 하면 막대 ㉠은 나의 엄지손가락 너비로 7번만큼 이므로 약 7cm이고, 막대 ㉡은 나의 엄지손가락 너비로 2번만큼 이므로 약 2cm입니다. 따라서 가장 긴 것은 막대 ㉠이고, 가장 짧은 것은 막대 ㉡입니다.

84쪽

실전! 서술형!

우리 몸에서 약 1cm를 나타내는 것은 엄지손가락 너비입니다. 각 막대에서 엄지손가락을 옮겨가며 어림을 합니다. 막대 ㉠은 나의 엄지손가락 너비로 5번만큼 이므로 약 5cm입니다. 막대 ㉡은 나의 엄지손가락 너비로 3번만큼 이므로 약 3cm입니다. 막대 ㉢은 엄지손가락 너비로 8번만큼 이므로 약 8cm입니다. 막대 ㉣은 의 엄지손가락 너비로 4번만큼 이므로 약 4cm입니다. 따라서 가장 긴 것은 막대 ㉣이고, 가장 짧은 것은 막대 ㉡입니다.

나의 실력은?

86쪽

1 자를 이용하여 색종이의 길이를 재는 방법은 먼저 색종이의 한쪽 끝을 0의 눈금에 맞춘 다음 다른 쪽 끝이 가리키는 눈금을 읽습니다. ①, ②, ④는 물건의 끝을 0의 눈금에 맞추어 재지 않았기 때문에 바르게 잰 것은 ③번입니다.

2 숫자와 숫자 사이의 길이는 1cm이고 연필은 1cm가 9번만큼의 길이이므로 9cm이 됩니다. 또 연필의 끝과 끝이 가리키는 눈금이 각각 1cm, 10cm이므로 그 차를 구하면 10cm입니다.

3 우리 몸에서 약 1cm를 나타내는 것은 엄지손가락 너비입니다. 각 막대에서 엄지손가락을 옮겨가며 어림을 합니다. 막대 ㉠은 나의 엄지손가락 너비로 1번만큼 이므로 약 1입니다. 막대 ㉡은 나의 엄지손가락 너비로 3번만큼 이므로 약 3cm입니다. 막대 ㉢은 나의 엄지손가락 너비로 3번만큼 이므로 약 3cm입니다. 막대 ㉣은 의 엄지손가락 너비로 6번만큼 이므로 약 6cm입니다. 따라서 가장 긴 것은 막대 ㉣이고, 가장 짧은 것은 막대 ㉡입니다.

5. 분류하기

91쪽

첫걸음 가볍게 !

1 바퀴의 수, 움직이는 방법, 쓰임새

2 ② 바퀴의 수, 2, 4

③ 자전거, 오토바이

④ 버스, 손수레, 트럭, 유모차, 승용차

3 바퀴의 수, 자전거, 오토바이, 버스, 트럭, 유모차, 승용차, 손수레

92쪽

한 걸음 두 걸음!

1 바퀴의 수, 움직이는 방법, 쓰임새

2 쓰임새

① 쓰임새

② 쓰임새, 사람이 타는 것, 짐을 옮기는

③ 사람이 타는 것은 버스, 자전거, 오토바이, 승용차, 유모차입니다.

④ 짐을 옮기는 것은 트럭, 손수레, 아이스크림 수레입니다.

3 바퀴의 수 · 움직이는 방법 · 쓰임새, 쓰임새, 사람이 타는 것 · 짐을 옮기는 것, 사람이 타는 것은 버스, 자전거, 오토바이, 승용차, 유모차입니다. 짐을 옮기는 것은 트럭, 손수레, 아이스크림 수레입니다.

93쪽

도전! 서술형!

1 예시)소리 나는 방법

2 예시)소리 나는 방법

- 불어서 소리 나는 악기: 트롬본, 플루트, 트럼펫
- 두드려서 소리 나는 악기: 탬버린, 트라이앵글, 심벌즈, 실로폰, 큰북, 작은북
- 줄을 이용해 소리 나는 악기: 바이올린, 기타, 첼로

3 예시)악기를 소리 나는 방법으로 분류하면 불어서 소리 나는 악기는 트롬본, 플루트, 트럼펫이고 두드려서 소리가 나는 악기는 탬버린, 트라이앵글, 심벌즈, 실로폰, 큰북, 작은북이고, 줄을 이용해 소리가 나는 악기는 바이올린, 기타, 첼로입니다.

94쪽

실전! 서술형!

예시)동물들을 하늘을 나는 동물과 그렇지 못한 동물로 나누면 하늘을 나는 동물은 독수리이며 하늘을 날지 못하는 동물은 호랑이, 토끼, 곰, 양, 소입니다.

96쪽

첫걸음 가볍게 !

1 예시)색깔

2 예시)색깔

색깔	빨강	노랑	파랑
수	4	4	4

3 예시)색깔, 빨강, 4, 노랑, 4, 파랑, 4

97쪽

한 걸음 두 걸음!

1 예시)바퀴가 있는 것, 바퀴가 없는 것

2 예시)바퀴

바퀴	바퀴가 있는 것	바퀴가 없는 것
수	6	4

3 예시)이동수단을 바퀴가 있는 것과 바퀴가 없는 것으로 기준을 세워 나눌 수 있습니다. 바퀴가 있는 것을 세어보면 오토바이, 자전거, 트럭, 버스, 승용차, 기차로 모두 6개이고 바퀴가 없는 것을 배, 돛단배, 잠수함, 헬리콥터로 세어보면 모두 4개입니다.

98쪽

도전! 서술형!

1 예시)색깔

2 예시)파랑색 4개, 초록색 4개, 노란색 4개, 빨강색 4개

3 예시)그림의 모양을 색깔을 기준으로 하면 파랑색, 초록색, 노란색, 빨강색으로 나눌 수 있으며 그 수를 세어보면 파랑색 4개, 초록색 4개, 노란색 4개, 빨강색은 4개입니다.

99쪽

실전! 서술형!

예시)그림 속의 물건을 모양을 기준으로 하면 공 모양, 둥근기둥 모양, 상자 모양으로 나눌 수 있습니다. 각각의 모양을 세어보면 공 모양 5개, 둥근기둥 모양 5개, 상자 모양 5개입니다.

101쪽

첫걸음 가볍게 !

1 연필, 자, 운동화, 축구공, 바나나, 포도

2 ① 분류, 문구, 문구, 운동용품, 운동용품, 과일, 과일

② 연필, 자

③ 운동화, 축구공

④ 바나나, 포도

102쪽

한 걸음 두 걸음!

1

층	층별 안내	살 수 있는 물건
3층	전자제품, 문구	연필, 자
2층	의류, 운동용품	운동화, 축구공
1층	생선, 채소, 과일, 계산대	고추, 수박, 당근, 딸기, 생선, 포도, 바나나, 오이

2 ① 분류해서 팔고 있습니다.

② 연필과 자를 삽니다.

③ 운동화와 축구공을 삽니다.

④ 고추, 수박, 당근, 딸기, 생선, 바나나, 포도, 오이를 삽니다.

103쪽

도전! 서술형!

1

층	층별 안내	살 수 있는 물건
3층	전자제품, 문구	연필, 자
2층	의류, 운동용품	운동화, 축구공
1층	생선, 채소, 과일, 계산대	고추, 수박, 당근, 딸기, 생선, 포도, 바나나, 오이

2 물건은 대부분 종류별로 분류해서 팔고 있으므로 문구는 문구끼리, 운동용품은 운동용품끼리, 채소는 채소끼리 묶어서 사는 것이 편리합니다. 따라서 3층에서 연필과 자를 사고, 2층에서 운동화와 축구공을 사고, 1층에서 생선, 고추, 당근, 오이, 수박, 딸기, 포도, 바나나를 사고 계산대로 가면 가장 편리합니다.

104쪽

실전! 서술형!

물건은 대부분 종류별로 분류해서 팔고 있으므로 문구는 문구끼리, 운동용품은 운동용품끼리, 채소는 채소끼리 묶어서 사는 것이 편리합니다. 먼저 3층에서 전제제품인 노트북을 사고 문구인 연필과 자를 삽니다. 그리고 2층에서 의류인 바지를 사고 운동용품인 축구공과 운동화를 삽니다. 그리고 1층으로 내려와 채소인 고추, 당근, 오이를 사고 과일인 딸기, 수박, 포도, 바나나를 사고 생선을 사고 계산대로 가서 계산합니다.

나의 실력은?

107쪽

1 예시)과일을 색깔로 분류하면 붉은 색 과일은 체리, 사과, 딸기, 복숭아가 있고 녹색 과일은 수박, 메론, 노란 색 과일은 참외, 레몬, 바나나이고 보라색 과일은 포도입니다.

2 예시)기준을 날개가 있는 동물과 날개가 없는 동물로 하여 그 수를 세어 보면 날개가 있는 동물은 5마리, 날개가 없는 동물은 10마리입니다.

3 예시)물건은 대부분 종류별로 분류해서 팔고 있으므로 문구는 문구끼리, 운동용품은 운동용품끼리, 채소는 채소끼리 묶어서 사는 것이 편리합니다. 먼저 3층에서 전제제품인 노트북을 사고 문구인 연필과 자를 삽니다. 그리고 2층에서 의류인 바지를 사고 운동용품인 축구공과 운동화를 삽니다. 그리고 1층으로 내려와 채소인 고추, 당근, 오이를 사고 과일인 딸기, 수박, 포도, 바나나를 사고 생선을 사고 계산대로 가서 계산합니다.

6. 곱셈

111쪽 **첫걸음 가볍게 !**

1 ① 하나씩, 10

② 2, 4, 6, 8, 10, 10

③ 5, 10, 10

2 (위로부터 차례대로) 5, 10, 2, 4, 6, 8, 10

① 2, 4, 6, 8, 10, 10

② 5, 10, 10, 10

112쪽 **한 걸음 두 걸음!**

1 ① 1씩, 12

② 2, 4, 6, 8, 10, 12, 2, 12

③ 3, 6, 9, 12, 3, 12

④ 6, 12, 6, 12

⑤ 12, 12, 12

2 ① 2, 4, 6, 8, 10, 12, 2

② 3, 6, 9, 12, 3

③ 6, 12, 6, 12

④ 12, 12, 12

113쪽 **도전! 서술형!**

1 ① '2, 4, 6, 8, 10, 12, 14, 16'과 같이 2씩 묶어 세어보니 모두 16개입니다.

② '4, 8, 12, 16'과 같이 4씩 묶어 세어보니 모두 16개입니다.

③ ' 8, 16'과 같이 8씩 뛰어 묶어 세어보니 모두 16개입니다.

2 ① '2, 4, 6, 8, 10, 12, 14, 16'과 같이 2씩 뛰어 세어보니 모두 16개입니다.

② '4, 8, 12, 16'과 같이 4씩 뛰어 세어보니 모두 16개입니다.

③ ' 8, 16'과 같이 8씩 뛰어 세어 보니 모두 16개입니다.

114쪽 **실전! 서술형!** 

예)

- 쿠키를 하나씩 세어보니 1씩 20묶음으로 모두 20개입니다.
- 쿠키는 '2, 4, 6, 8, 10, 12, 14, 16, 18, 20'과 같이 2씩 10묶음으로 모두 20개입니다.
- 쿠키는 '5, 10, 15, 20'과 같이 5씩 4묶음으로 모두 20개입니다.
- 쿠키는 '10, 20'과 같이 10씩 2묶음으로 모두 20개입니다.

118쪽 **첫걸음 가볍게 !** 

1 2, 4, 6, 8, 10, 12, 2, 6묶음, 12

2 3, 6, 9, 12, 3, 4묶음, 12

3 4, 8, 12, 4, 3묶음, 12

4 6, 12, 6, 2묶음, 12

119쪽 **한 걸음 두 걸음!** 

1 2, 4, 6, 8, 10, 12, 14, 16

2씩 묶으면 8묶음이 되어 모두 16개입니다.

2 4, 8, 12, 16

4씩 묶으면 4묶음이 되어 모두 16개입니다.

3 8, 16

8씩 묶으면 2묶음이 되어 모두 16개입니다.

120쪽 도전! 서술형!

1 3, 6, 9, 12, 15

3씩 묶으면 5묶음이 되어 모두 15대입니다.

2 5, 10, 15

5씩 묶으면 3묶음이 되어 모두 15대입니다.

121쪽 실전! 서술형!

- 강아지를 '2, 4, 6, 8'과 같이 2씩 묶으면 4묶음으로 모두 8마리입니다.
- 강아지를 '4, 8'과 같이 8씩 묶으면 2묶음으로 모두 8마리입니다.
- 강아지를 '8'과 같이 8씩 묶으면 1묶음으로 모두 8마리입니다.
- 강아지를 '1, 2, 3, 4, 5, 6, 7, 8'과 같이 1씩 묶으면 8묶음으로 모두 8마리입니다.

위의 네 가지 중에 3가지를 답으로 제시하면 됩니다.

124쪽 첫걸음 가볍게 !

1 ① 7, 14

② 2, 2, 2, 2, 2, 2, 2, 14

③ 2, 7, 14

2 ① 2, 14

② 7, 7, 14

③ 7, 2, 14

125쪽 한 걸음 두 걸음!

1 묶어세기: 1씩 21묶음으로 모두 21개입니다.

덧셈식: 1+1+1+1+1+1+1+1+1+1+1+1+1+1+1+1+1+1+1+1+1=21

곱셈식: 1×21=21

2 묶어세기: 3씩 7묶음으로 모두 21개입니다.

덧셈식: $3+3+3+3+3+3+3=21$

곱셈식: $3\times7=21$

3 묶어세기: 7씩 3묶음으로 모두 21개입니다.

덧셈식: $7+7+7=21$

곱셈식: $7\times3=21$

4 묶어세기: 21씩 1묶음으로 모두 21개입니다.

곱셈식: $21\times1=21$

126쪽

도전! 서술형!

1 $3+3+3+3+3+3=18$

$6+6+6=18$

2 $1\times18=18$

$3\times6=18$

$6\times3=18$

$18\times1=18$

127쪽

실전! 서술형!

- 복숭아는 4개씩 3묶음으로 덧셈식은 $4+4+4=12$, 곱셈식은 $4\times3=12$이므로 모두 12개입니다.
- 복숭아는 3개씩 4묶음으로 덧셈식은 $3+3+3+3=12$, 곱셈식은 $3\times4=12$이므로 모두 12개입니다.